동북아역사재단
교양총서 36

독도의 보물

아름다운 꽃과 자연생태

송휘영 지음

간행사

 우리나라를 둘러싼 동북아 지역의 역사 갈등은 여전히 한창이고, 점차 심화되고 있습니다. 우리 동북아역사재단은 2006년에 동북아 지역의 역사 갈등을 미래지향적으로 해결하고, 나아가 역내 평화체제를 구축하려는 목적으로 출범하였습니다. 이때는 항상 제기되고 있던 일본의 역사 왜곡에 더하여 고구려, 발해 역사를 둘러싸고 중국과 역사 분쟁이 일어났습니다.

 한국과 일본 사이의 역사 문제는 19세기 말 일제의 침탈과 식민지배 때부터 있어 왔습니다. 지금도 일제의 식민지배에 대한 진정한 사죄와 일본군 '위안부' 문제, 강제동원과 수탈, 독도영유권 등을 둘러싸고 논쟁과 외교 마찰이 일어나고 있습니다.

 중국은 개혁·개방 이후 급속한 경제발전을 이루면서 체제를 안정시키고 선린외교에 주력하였으나, 주변국과의 관계에서 주도권을 잡고자 하는 과정에서 자연스럽게 역사 문제를 둘러싸고 이웃과 대립하게 되었습니다. 그중 동북3성 지역의 역사

**독도의 보물
아름다운 꽃과 자연생태**

에 대해서는 이른바 '동북공정'을 통하여 중국 영토 안에서 일어났던 역사를 모두 자기 역사 속에 편입하고자 함으로써 우리의 고대사 고조선, 부여, 고구려, 발해 등와 충돌하게 되었습니다.

우리 재단은 이런 역사 현안을 우리 입장에서 연구하면서, 다른 한편으로 우리 국민이나 다른 나라 사람들이 우리의 연구 결과를 같이 공유하고, 이를 쉽게 알 수 있도록 교양 수준의 책을 출간하게 되었습니다. 한·중·일 역사 현안인 독도, 동해 표기, 일본군'위안부', 일본역사교과서, 야스쿠니신사, 고조선, 고구려, 발해 및 동북공정 관련 주제로 우리 재단 연구위원을 중심으로 재단 외부 전문가들로 필진을 구성하였습니다.

모든 국민이 이 교양서들을 읽어 역사·영토 현안을 올바르게 인식하고 나아가 우리가 동북아 역사 갈등을 주도적으로 해결하여 평화체제를 이룩하는 데 주역이 되기를 바랍니다.

동북아역사재단
이사장

프롤로그

왜 지금 독도의 자연생태에 주목하는가?

독도는 '외로운 섬'라고 한다. 그러나 독도(獨島)는 홀로 선 섬이지만 '독섬=돌섬'을 음차해서 붙여진 이름이다. 그리고 '국토의 막내' 등의 표현도 자주 쓴다. 하지만 460만년~250만년 전에 생성된 독도는 울릉도(250만년 전)와 제주도(120만년 전)보다 먼저 만들어진 섬으로 막내가 아니다.

독도에는 57종의 식물, 129종의 곤충, 100여 종의 조류와 다양한 해상생물이 살고 있다. 이 중 독도의 상징은 강치, 해국, 괭이갈매기 등으로 오랜 세월 동안 독도의 바다, 육상, 하늘을 지켜온 생물들이다. 이 책에서는 독도에서 자생하는 식물과 동물의 역사, 그에 얽힌 'story-telling'을 독도의 근현대사와 함께 풀어내고자 했다. 즉 중고등학생 눈높이에 맞추어 '독도의 자연' 이야기를 흥미롭고 신선한 소재로 기술할 것이며, 독도의 식물과 동물에 얽힌 이야기들을 울릉도와 독도로 건너간 사람들 이야기, 식물과 동물의 어원에 얽힌 이야기, 절해고도에서의 생물들의 생물전략 등과 연결하여 설명하고자 한다.

특히 해국(海菊)의 경우 전 세계에서 우리나라의 동남해안 및 태안반도 이남의 서해안과 일본 서북해안에만 자생하는 것으로 울릉도·독도가 그 원산지임이 밝혀졌으며 이는 '독도 생물주권'의 상징이기도 하다. 또한 천장굴 내벽에 서식하는 사철나무의 경우 독도에서 가장 오래된 목본성 식물로 알려져 있으며, 최근 유전자 분석에 의해 조선 후기에 거문도에서 유입되었을 가능성이 높은 것으로 밝혀졌다. 이는 조선시3대 동남해 연안민들이 나선(羅船: 전라도 해안에서 사용하던 배)을 타고 울릉도·독도로 도항했다는 간접적인 증거이기도 하다.

독도의 상징이었던 강치의 경우 20세기 초 일본 어부에 의한 남획으로 멸절되었고 1980년 이후 더 이상 강치는 독도에서 모습을 나타내지 않았다. 또 근대 이후 시와 노래 등에서 독도와 독도의 동식물 등을 소재로 다룬 문학 및 예술 작품이 많이 만들어졌는데, 한일 간에 독도 영유권 문제가 제기될 때마다 그 관심은 고조되었다. 따라서 독도의 자연 이야기를 독도의 식물, 동물과 관련된 시와 노래, 독도를 보고 느낀 사람들의 이야기도 함께 담아내고자 한다. 문학작품이나 예술작품 등은 독도에 대한 염원이나 민족정서 등 감성적 측면이 있기는 하나, 가급적 객관적인 관점에서 독도의 자연 이야기를 풀어갈 생각이다.

약 460만 년~250만 년 전 화산 폭발로 생성된 독도는 육지와는 한 번도 연결된 적이 없는 대양섬이기 때문에 갈라파고스와 같은 자연생태의 독자적 특징을 간직하고 있다. 그렇기 때문에 생물학적 분화와 고유의 생물학적 특성을 고스란히 간직하고 있다고는 하나, 1950년대 이후 사람들의 발길이 잦아들면서 식물의 경우 귀화식물이 6분규군이 분포되고 있는 것으로 알려져 있다. 강치의 멸절, 귀화식물의 증가, 독도바다의 갯녹음현상 및 백화현상 등 독도의 자연과 환경 이야기도 부분적으로 언급하고자 했다. 결과적으로, '독도의 보물, 아름다운 꽃과 자연생태' 이야기를 통해 독도에 대한 관심과 흥미를 환기시킴은 물론, 우리의 자산인 독도 특유의 자연생태의 소중함과 그에 대한 사랑을 일깨울 수 있었으면 한다.

차례

간행사 • 4
프롤로그: 왜 지금 독도의 자연생태에 주목하는가? • 6

식물

1. 해국(바다국화) • 12
2. 번행초 • 20
3. 동백나무 • 23
4. 섬초롱꽃 • 28
5. 섬기린초 • 33
6. 사철나무 • 37
7. 땅채송화 • 41
8. 갯장대 • 44
9. 초종용 • 48
10. 갓 • 52
11. 갯괴불주머니 • 57
12. 개쑥갓 • 61
13. 마디풀 • 65
14. 방가지똥 • 71
15. 별꽃 • 74
16. 비짜루 • 77
17. 산달래 • 81
18. 섬괴불나무 • 85
19. 참빗살나무 • 89
20. 큰두루미꽃 • 93
21. 참소리쟁이 • 96
22. 큰이삭풀 • 99
23. 참억새 • 103
24. 갯까치수영 • 107
25. 까마중 • 111
26. 갯제비쑥 • 115
27. 닭의장풀 • 118
28. 박주가리 • 121
29. 선쨍이밥 • 124
30. 술패랭이꽃 • 127
31. 왕호장근 • 130
32. 참나리 • 133
33. 큰방가지똥 • 137
34. 갯강아지풀 • 141
35. 둥근잎나팔꽃 • 145
36. 보리밥나무 • 149
37. 왕김의털 • 152
38. 흰명아주 • 156
39. 가는갯는쟁이 • 159

해양생물

1. 강치 • 164
2. 괭이갈매기 • 172
3. 슴새 • 176
4. 바다제비 • 181
5. 독도새우 • 184
   1) 도화새우
   2) 물렁가시붉은새우
   3) 가시배새우
6. 전복 • 189
7. 대황 • 192
8. 감태 • 197
9. 미역 • 200
10. 우뭇가사리 • 204

에필로그 • 208

참고문헌 • 211
찾아보기 • 212

식물

해국(바다국화)

1

학명	Aster sphathulifolius Maxim.
분류	국화과
분포지역	울릉도, 독도
특징	제주도 및 전국 바닷가의 절벽에 자생하는 반목본성 초본으로 독도 절벽지의 바위틈을 따라 자란다.

해국의 자생지

우리나라 고유종 식물로 중부 이남의 해안가 및 도서지역에만 자생하는 식물이다. 강원도 고성 이남의 동해안과 남해안, 태안반도 이남의 서해안, 울릉도, 독도, 제주도 등의 바닷가 절벽지대에서 자란다.

우리나라 울릉도, 독도가 그 원산지로 알려져 있으며, 늦은 가을 동해안 바닷가, 울릉도와 독도에서 높은 절벽난간을 올려다보노라면 바다를 향해 누군가를 기다리는 듯 고운 자태로 피어있는 짙은 보랏빛의 꽃을 발견할 수 있다. 바위틈에서 모진 바닷바람을 견디며 화려한 보라색 꽃을 피우는 '바다국화'라 하여 해국(海菊)이라 부르는 꽃이다.

해국의 꽃말 - 기다림

옛날 어느 바닷가에 어린 딸을 둔 젊은 부부가 살고 있었다. 어느 봄날 남편은 먼 바다로 고기잡이를 나갔다. 그러나 그는 며칠이 지나도 돌아오지 않았다. 아내는 딸을 데리고 바닷가 바위 위에 올라 이제나 저제나 하며 하릴없이 남편을 기다리고 또 기다렸다. 그때 바위를 덮친 파도에 밀려 아내와 딸은 그만 바닷물에 빠져 죽고 말았다. 얼마 뒤 날씨가 나빠 잠시 다른 섬에서 몸을 피하고 있었던 남편이 집으로 돌아왔다. 그러나 아내와 딸은 이미 이 세상 사람이 아니었다. 집으로 돌아온 남편은 아내와 딸이 죽

은 그 바위 위에서 넋을 잃은 사람처럼 시간을 보내곤 했다. 그 해 가을 그 자리에는 아내와 딸을 닮은 보라색 꽃이 피어났다. 그 꽃이 아내와 딸의 환생이라고 믿은 남편은 꽃을 보며 슬픔을 달랬다고 한다.

해국은 독도 갯바위 절벽의 바위틈에서 바다를 향해 피어난다. 마치 누군가를 기다리는 애절함 같은 것이 있다고 해서 해국의 꽃말은 '기다림'이다. 높고 가파른 바위에 붙어서 보란 듯이 아름답게 피어있는 자태는 낭군을 기다리는 우리나라 여인의 길고 먼 기다림처럼 느껴진다. 독도의 험한 바위틈새에서 모진 인고의 세월을 기다려 꽃을 피우는 해국. 해서 기다림이란 꽃말이 붙은 것일까? 기다림은 애절한 그리움을 수반한다. 가을 바닷가 천년의 그리움을 품고 피어 있는 듯한 모습이다. 세찬 풍파가 몰아치는 바닷가에 피기에 더욱 아름답다.

해국의 특성과 약효

해국의 학명은 아스터 스파툴리폴리우스 막심(Aster sphathulifolius Maxim)로 속명 '아스터(Aster)'는 그리스어로 별이란 의미이며 '별을 닮은 꽃'이란 뜻이다. 종소명 '스파툴리폴리우스(sphathulifolius)'는 주걱 모양을 한 해국의 잎을 나타낸다. 꽃 중에서는 드물게 여름에서 겨울까지 8~11월에 걸쳐 개화한다.

독도 바닷가의 거친 파도와 비바람을 맞으며 험한 바위틈에

서 뿌리를 내려 크고 아름다운 꽃을 피운다. 해국은 초롱꽃목 국화과 참취속이 반목본성 여러해살이풀로 근경이나 종자로 번식한다. 식물분류학상 참취속에 속하기에 꽃에 향기가 별로 없고 꽃모양은 갯쑥부쟁이와 비슷하다. 이름처럼 주로 바닷가 해안에 흔히 자생하며 흙이 없고 수분이 부족한 바위틈에 잘 자란다. 하지만 일반적인 토양에서도 잘 자라기에 관상용으로도 많이 키운다. 꽃은 지름 3.5~4cm 정도이고 대개 연한 보라색이다.

흰색 꽃을 피우는 것도 있으며 아주 진한 자주색의 개체도 있다. 1.5~5.5cm 정도의 잎은 주걱형 또는 도란형으로 바닷바람의 영향으로 양면에 섬모가 있으며 가장자리에는 톱니가 있다. 목질화된 굵은 뿌리가 있으며 줄기는 비스듬히 자란다. 건조하고 양지바른 곳을 좋아하며 겨울에도 잎이 반상록으로 남아 있다. 독도와 울릉도나 제주도에서는 겨울에도 높은 절벽에서 보랏빛 꽃을 피우고 있는 모습을 자주 볼 수 있다.

민간에서 해국의 어린잎은 식용하며 전초를 비만증, 만성간염, 이뇨제, 보익제, 해수, 방광염 등의 약으로 사용한다. 특히 기침이나 감기가 걸렸을 때 해국의 전초를 달인 물로 막걸리를 빚어 먹거나 감주를 해서 먹으면 효과가 좋다고 한다.

'독도 생물주권'(특정지역에 자생하고 있는 생물을 이용할 수 있는 배타적 권리)의 상징

우리나라 고유종으로 알려진 해국은 영남대학교 생명과학과의 박선주 교수(식물분류학)에 의해 울릉도, 독도가 그 원산지라는 것이 밝혀졌다. 해국의 유전적 특성을 DNA 염기서열로 분석한 결과 울릉도와 독도가 그 원산지이고, 이것이 한반도의 동해안과 일본 서북해안으로 이동, 전파됐다는 것이다. 현재까지 독도는 57종의 식물이 서식하는 것으로 보고되고 있다. 박선주 교수는 독도 식물의 유전적 특성을 밝힘으로써 독도의 식물이 어디에서 왔는지, 또 어디로 가는지에 대한 식물의 이동, 확산, 전파 연구를 진행하고 있다.

독도에 어떤 식물이 살고 있는지, 그 식물을 지속적으로 관리하고 보전하는 일이 생물주권과 얼마나 관련이 있는지를 밝히는 연구를 하고 있다. 즉, 해국의 유전자 분석을 통해 독도의 생물주권이 우리에게 있음을 밝혀낸 것이다. 다시 말해 독도를 대표하는 식물이 해국이고 해국은 곧 독도 생물주권의 상징이라 할 수 있다.

가을철 울릉도의 해안도로를 따라 걷다 보면 절벽의 틈새나 바위 위에 보랏빛으로 피어 있는 해국의 풍경을 흔히 볼 수 있다. 가을에 주로 무리지어 피지만 개체에 따라서는 겨울철과 이듬해 봄까지 해풍과 추위에 견디며 핀 모습도 만날 수 있다. 좀 더 동쪽으로 가면 우리나라의 아침을 가장 먼저 여는 독도가 있다.

독도는 평탄지라고는 거의 없는 기암절벽으로 이루어진 바위섬이다. 사람이 오를 수조차 없는 바위틈 곳곳에 바다를 향해 진한 보라색 꽃봉오리를 펼치고 있는 것도 이 해국이다. 독도의 대표 동물을 괭이갈매기라 한다면 독도의 대표 식물이 가을철에 피는 해국이다. 머나먼 바다를 내다보며 그리운 사람을 기다리듯이 꽃대를 내밀고 있다. 아니 대한민국의 첫 아침을 여는 해를 기다리고 있을지 모른다.

해국은 망망대해에 괭이갈매기를 비롯한 바다제비, 슴새, 상모

솔새, 물수리 등 수많은 바닷새들을 벗 삼아 우리의 독도와 동해바다를 꿋꿋이 지키고 있다. 백년 천년의 그리움을 간직한 채 늘 그 자리에서 그렇게 바다를 향해 지켜보고 있다.

번행초

2

학명	Tetragonia tetragonoides (Pall.) Kuntze
분류	번행초과
분포지역	울릉도, 독도
특징	우리나라 중부이남의 해안 모래사장 다년초로서 독도에서는 동도와 서도의 바닷가 근처에 비교적 많은 개체가 자라고 있다.

독도에서 서식하고 있는 번행초(蕃杏草, Tetragonia tetragonoides Pall.)는 석류풀과의 여러해살이풀이다. 독도의 거센 바람 때문인지 이 식물은 지면 위에 납작 엎드려 자라며, 육지의 바닷가에서 자라는 개체가 40~50cm 높이인 데 비해 독도의 번행초는 10~20cm로 매우 작다. 번행초라는 이름은 한자어로 '우거진 살구나무 풀'이란 뜻을 가지며, 학명인 테트라고니아(Tetragonia)는 '4개의 무릎'을 의미하는 라틴어 합성어로 4각형 열매 모양을 나타낸다.

이 식물은 독도 환경에 잘 적응했는데, 꽃잎 대신 꽃받침이 꽃잎 역할을 하고 잎과 줄기에는 잔털이 많다. 다육질의 잎과 줄기를 꺾으면 나오는 하얀색 유액은 위장 보호 효과가 있다고 알려져 있다. 번행초의 어린잎은 식용으로 사용되지만, 성숙한 잎은 약한 독성이 있어 데쳐 먹어야 한다.

조선시대 허준이 『동의보감』을 지을 때 스승의 병 치료를 위해 찾았던 약초가 바로 번행초인데, 민간에서는 위암에 특효가 있는 것으로 알려져 있다. '갯상추'라고도 불리는 이 식물은 영어로 '뉴질랜드시금치'라 한다. 이는 쿠크 선장이 뉴질랜드에서 발견해 유럽에 소개한 데서 유래했다.

번행초의 점액질은 다양한 위장 질환의 증상을 완화하는 데 도움을 준다. 독도의 번행초는 다육질 잎과 많은 털로 인해 혹독한 환경에 잘 적응했다. 따뜻한 지방에서는 연중 개화하며, 추운 지방에서도 봄부터 가을까지 꽃을 피운다. 열매에는 돌기가 있어

물에 잘 떠다니며, 이를 통해 번식한다. 번행초가 독도에 자생하게 된 경위는 명확하지 않지만, 4각형 열매와 염분에 강한 종자 특성으로 인해 바다를 건너 왔을 가능성이 높다.

최근의 식물학 분야 연구 결과에 의하면, 독도의 번행초는 동해안에서 해류를 타고 유입된 것으로 추정되며, 울릉도에서는 발견되지 않아 한반도 해안에서 직접 독도로 유입된 '먼 종자 산포 방식'으로 여겨진다. 거친 환경을 이겨낸 번행초는 우리나라 동쪽 끝 독도에서 생육하기에 적합한 식물로 인정받고 있다.

동백나무

3

학명	Camellia japonica L.
분류	차나무과
분포지역	울릉도, 독도
특징	남해안 지역과 제주도에 자라는 상록활엽교목으로 서도정상부에서 물골코스에 자생으로 판단되는 것과 식재한 개체가 자란다.

동백나무는 우리나라를 비롯하여 중국, 일본 등 따뜻한 지방에 분포하며, 우리나라에서는 제주도와 전라남도, 경상남도 등 남해안과 서천 마량리 이남의 서해안에 분포한다. 눈을 동해안으로 돌려보면 울산이 북쪽 한계선이라지만 동해바다의 울릉도와 독도에까지 동백이 서식하고 있다. 꽃은 이르게는 11월부터 겨울과 이른 봄에 걸쳐 피는데, 우리나라에 서식하는 수종은 주로 2~3월이 절정을 이룬다. 동백은 만물이 숨을 죽이는 겨울철의 황량한 대지 위에서 눈보라를 아랑곳하지 않고 붉은색 아름다운 꽃을 피운다. 동백은 꽃이 피는 시기에 따라 춘백(春栢), 추백(秋栢), 동백(冬栢)으로 부른다.

독도에 자생하는 동백(Camelia japonica L.)은 겨울과 봄에 걸쳐 피는데 이 시기에는 파도가 거세기 때문에 독도행 유람선이 대개 운행을 정지하기 때문에 활짝 핀 동백을 만나기 쉽지 않다. 독도의 동백나무는 원래부터 자생하는 고유종이라기보다는 2010년경 푸른울릉도 독도 가꾸기회가 울릉도에서 가져가 식재한 것으로 알려져 있다. 학명인 카멜리아(Camelia)는 영국의 선교사였던 게오르그 카멜(Georg Kamel)이 중국에 여행을 왔다가 동백을 보고 심취하여 영국에 옮겨심어 널리 알리게 되었는데, 그 이유로 그의 이름이 학명으로 붙여지게 되었다. 그의 이름 카멜을 라틴어식으로 '카멜리우스(Camelius)'로 표기하여 오늘날 우리가 동백꽃의 속명을 '카멜리아'라고 부르게 되었다. 우리나라에서 피는 동

백은 전남 강진 백련사의 동백나무 숲과 여수 향일암의 동백림, 고창 선운사의 동백나무 숲이 유명하며, 상춘객들이 찾는 곳으로는 제주도 위미리와 신흥리, 거제 지심도, 여수 오동도, 서천 마량리 등이 알려져 있다. 모두 제주도나 남도의 해안가에 위치한 서식지이다.

  동백은 보통 애기동백(山茶花)과 토종 동백(冬栢)으로 구분된다. 대개 '추백(秋栢)'이라 불리는 것은 애기동백이고, 나머지는 1~3월에 꽃피우는 '동백(冬栢)'이다. 그리고 3~4월경 선운사 대웅전 뒤를 휘두르며 피는 동백은 '춘백(春栢)'이라 할 것이다. 그런데 동백은 꽃 피우기 좋은 계절을 마다하고 왜 하필이면 한겨울에 꽃을 피우는 것일까? 그것은 동백나무 나름의 생물 전략이다. 엄청난 정력을 쏟아 부어야 하는 꽃 피우기에서 경쟁자를 따돌리고 종족번식의 유리한 고지를 점령하기 위해서이다. 문제는 벌도 나비도 없는 추운 겨울날에 어떻게 수분(受粉)을 할 것인가이다. 이 어려운 숙제를 아주 작고 귀여운 동박새(白眼雀)와 '전략적인 제휴'를 함으로써 슬기롭게 해결했다. 먼저 잎사귀 크기만한 큰 꽃에서 많은 양의 꿀을 생산하도록 하였다. 꽃통의 맨 아래에 꿀 창고를 배치하고 그 위에는 노란 꽃술로 덮어두었다. 동박새는 추운 겨울을 나기 위해 열량이 높은 동백나무의 꿀을 열심히 따먹어야 한다. 그러나 세상에 공짜란 없다. 꿀을 가져갈 때는 깃털과 부리에 꽃밥을 잔뜩 묻혀 여기저기 옮겨 달라는 것이다. 동백꽃의 진한 붉은 꽃잎과 샛노란 꽃술도 그냥 만든 것이 아니다. 새는 색채 인식 체계가 사람과 비슷하여 붉은색에 특히 강한 인상을 받는다고 한다. 우리가 초록 바탕에 펼쳐지는 강렬한 붉은색깔의 동백꽃을 금세 알아보듯이 동박새에게도 쉽게 눈에 띄도록 배려한 것이다. 이렇게 새에게 꿀을 제공하고 수분하는 꽃을 조매화(鳥媒花)라고 한다. 우리나라 유일의 조매화가 동백꽃이다. 추운 겨울에 시작한 동백꽃 피우기는 봄까지 이어진다. 봄날에는 벌과 나비의 도움도 일부 받겠다는 전략적 계산이다.

동백 열매에서 씨를 채취하여 동백기름을 짜는데, 이것을 식용으로 쓰기도 하고 여인들의 머릿기름으로 쓰기도 했다. 또 등잔불의 기름으로도 진검을 손질할 때도 이 동백기름을 썼다. 동백나무는 상록수라는 이유 때문에 담장용 수목으로 쓰이기도 했고, 절집이나 집 주변의 경계를 표시하는데 쓰이기도 했다. 통째로 떨어지는 농백꽃을 여인이나 선비의 '절개'나 '지조'를 상징하는 것으로 회자되기도 했다.

  동백나무 숲길은 말없이 사색을 하며 거닐어야 한다. 붉은 동백꽃이 통째로 뚝뚝 떨어진 숲길을 본다면 조용히 가슴으로 하는 말을 들어야 한다. 나무에서 피는 동백꽃과, 땅에 떨어져 다시 피는 동백꽃과, 내 마음속에 피는 동백꽃의 말을 함께 말이다.

섬초롱꽃

4

학명	Campanula takesimana Nakai
분류	초롱꽃과
분포지역	울릉도, 독도
특징	울릉도와 독도에만 서식하는 한국 특산식물로 다년초이다. 서도 북서쪽 왕호장근군락이 분포하는 사면의 비탈진 바위 위에 서식하고 있다.

섬초롱꽃은 우리나라 고유종으로 울릉도와 독도에 자라며, 개체수는 비교적 풍부한 편이다. 울릉도·독도의 초롱꽃은 일반적으로 초롱꽃에 비하여 꽃에 사주색 반점이 많은 것이 특징이다. 자주색 꽃이 피는 자주 섬초롱꽃과 흰 꽃이 피는 흰 섬초롱꽃의 2가지가 있다. 흰 섬초롱꽃은 기본종과 같이 자라며 백색 바탕에 짙은 색의 반점이 있다. 또한 자주섬초롱꽃은 꽃이 짙은 자주색이다. 개화시기는 7~9월로 독도의 절벽 바위틈에서 바닷바람에 하늘거리며 탐방객들을 맞이한다.

독도에 자생하는 섬초롱꽃(Campanula takesimana Nakai)은 울릉도 바닷가나 풀밭에서 자라는 여래해살이풀로서 높으가 30~100cm 정도이며, 비교적 털이 적다. 학명인 캄파눌라(Campanula)는 라틴어의 종 캄파나(campana)에서 유래된 말로 화관의 모양이 종을 닮았다고 해서 붙여진 이름이다. 우리말 섬초롱꽃은 이름에서 알 수 있듯이 꽃 모양이 등불을 켜서 어두운 곳을 밝히는 데 쓰이는 기구인 초롱을 닮았다고 해서 '초롱꽃'이라 이름이 붙여졌다.

종소명 다케시마나(takesimana)는 원래 울릉도의 일본식 옛 명칭으로, 명명자인 일본인 식물학자 나카이 다케노신(T. Nakai, 中井猛之進, 1882~1952)이 울릉도 고유종으로 분류하여 붙인 것이다. 독도에서 자생하고 있는 식물 57종 가운데에서 '다케시마'라는 종소명이 붙은 이름이 2종이나 되고, 이 일본인 학자가 이름을 붙인

것은 3종이나 된다. 즉 섬기린초(Sedum takesimana Nkai), 섬초롱꽃(Campanula takesimana Nkai), 섬괴불나무(Lonicera insularis Nkai)가 그것이다. 대개 울릉도, 독도를 원산지로 하는 특산식물에는 '섬'이라는 접두어가 붙는데, 육지와는 다른 울릉도, 독도의 특이한 해양성 생육환경에 적응한 식물로 구별을 한다. 이들 '섬~'이라 붙는 식물들이 보통 종소명이 울릉도를 지칭하는 '다케시마나(takesimana)'가 붙어 있다.

나카이는 식물원에서 일하던 아버지의 영향으로 어릴 때부터 자연 관찰과 채집을 익혔다. 1927년 도쿄제국대 식물학 교수가 된 그는 동아시아의 식물 연구에 몰두했다. 특히 조선총독부 촉

탁연구원으로 29년간 한반도를 누비며 식물을 채집하고 미기록 종을 발견해 명명했다.

이로 인해 한국 고유 자생식물의 학명에 '나카이'가 자주 등장한다. 그는 『조선삼림식물편』(전22권)을 저술해 일본학사원상을 받았으며, 한국 자생식물 명명 시 일본인 이름을 넣거나 한국 특산식물에 '자포니카(japonica)'란 이름을 붙이기도 했다. 반면, 한국 특산 구상나무(Abis koreana Wilson)를 1907년 제주에서 발견한 미국 하버드대 어네스트 윌슨 교수는 1915년 종소명을 '코리아나(koreana)'로 명명했다. 이는 시사하는 바가 크다.

식물 이름은 한번 지어지면 거의 영구적이며, 특별한 이유 없이 바꾸기 어렵다. 특히 최초 발견자가 붙인 이름은 더욱 그러하다. 일제강점기 일본은 한반도의 식물자원을 체계적으로 수집했다. 우리나라 고유식물 연구를 일본 학자들이 주도했다는 사실은 부끄러운 역사이기도 하다. 빼앗긴 이름을 되찾기는 쉽지 않지만, 독도의 자생식물을 연구하고 알려 우리의 생물주권을 확립할 필요가 있다.

일제강점기에 빼앗긴 것은 식물뿐만 아니라 식물 이름과 용어들이다. 이를 한꺼번에 고치기는 어렵지만, 한국의 식물분류학자들이 점진적으로 우리말로 바꾸는 작업을 해야 한다. 예를 들어, 개나리는 전 세계에서 한국에만 있는 고유식물로, 수그루와 암그루가 있다. 그러나 우리가 주로 보는 것은 수그루이며, 열매를 맺는 암그루는 보기 힘들다. 일제강점기에 많은 암그루가 일본으로 반출됐다는 설도 있다. 앞으로 식물명, 식물용어, 자원식물 등의 관리와 보전에 더욱 힘써야 할 것이다.

섬기린초

5

학명	Sedum takesimense Nakai
분류	돌나물과
분포지역	울릉도, 독도
특징	울릉도와 독도에만 서식하는 한국 특산식물이다. 동도 중턱의 암석지에 2×2m 정도의 군락이 산재하고 있다.

섬기린초(Sedum takesimana Nkai)는 전 세계적으로 한국에만 자라는 특산식물 또는 고유식물이다. 특히 울릉도와 독도에만 서식하는 귀중한 식물로, 돌나물과에 속한다. 주산지가 울릉도이기에 '섬기린초'라는 이름이 붙었다. 다년초이지만 현지에서는 상록성 작은 관목처럼 자라 관목으로 취급되기도 한다.

높이는 50cm 정도이며, 아랫부분 30cm까지는 살아남아 다시 자라지만 그 이상은 옆으로 퍼진다. 노란색 꽃은 6~7월경에 피며 돌나물과 유사하다. 흔히 볼 수 있는 기린초와 섬기린초를 구별하기란 쉽지 않다. 기린초의 잎이 조금 더 길고, 섬기린초는 해풍을 맞고 자라 잎이 더 작고 단단하다. 그러나 생육환경이 비슷하면 구분이 어렵다.

다만 꽃차례(화서)에서 차이를 보인다. 기린초는 꽃 밑에서 작은 꽃자루가 나와 끝에 꽃이 한 송이씩 달리는 반면, 섬기린초는 꽃꼭지 길이가 아래는 길고 위로 갈수록 짧아져 꽃들이 거의 동일 평면에 나란히 달린다. 독도와 울릉도의 고유식물인 섬기린초는 피부 미백에 탁월한 효능이 있다는 연구 결과도 있다. 국립생물자원관이 아모레퍼시픽과 공동연구를 통해 이를 확인하고 특허를 출원하기도 했다.

섬기린초의 학명 세둠(Sedum)은 라틴어 'sedere(앉다)'에서 유래하는데, 암반이나 절벽에 착생하는 특성을 반영한다. 이처럼 세둠속 식물들은 주로 바위나 바위틈에서 자생한다. 종소명 다케시마나(takesimana)는 울릉도의 옛 일본식 명칭 '다케시마(竹島)'에서 비롯되었다. 울릉도의 특성에 적응한 식물들에는 대개 '다케시마나'라는 종소명이 붙어 있으며, 우리는 이를 '섬'이라는 접두사로 구분한다.

섬노루귀, 섬나리, 섬초롱꽃, 섬백리향, 섬장대, 섬괴불나무 등은 모두 울릉도가 원산지인 식물이다. 한국에는 약 4천여 종의 식물이 자생하고 있으며, 그중 한국 특산식물은 약 350여 종이다. 특히 울릉도에만 자생하는 특산식물은 36종에 달해 식물학계의 주목을 받고 있다. 울릉도는 지금까지 한 번도 육지와 연결된 적 없는 독특

한 생태계를 가진 섬이다.

  독도에는 현재 57여 종의 식물이 서식하고 있다고 한다. 울릉도보다 먼저 생성된 화산섬인 독도는 식물들의 진화 과정을 관찰할 수 있는 세계적으로 유일한 장소이다. 이러한 특성으로 인해 울릉도는 '한국의 갈라파고스'로 불리며, 이제는 독도까지 포함하여 이러한 비유를 확장할 수 있을 것이다.

사철나무

6

학명	Euonymus japonicus Thunb
분류	노박덩굴과
분포지역	한반도, 독도
특징	사계절 내내 초록색을 띠는 상록수로, 원래 바닷가에 서식하던 식물이어서 추위, 공해, 내염성이 강하다. 독도에는 천장굴 사면에 서식한다.

독도는 화산석으로 이루어진 바위섬이라 나무가 서식하기 어려운 환경이다. 얼핏 독도에는 나무가 없다고 생각하기 쉽다. 그러나 독도에도 나무가 살고 있다. 섬괴불나무, 보리밥나무, 동백나무, 사철나무 등이 서식하고 있다. 독도의 사철나무는 동도의 천장굴 북쪽 사면에 암벽을 덮으며 서식한다.

사철나무(Euonymus japonicus Thunb.)는 사시사철 푸른 상록수다. 겨울에도 잎이 떨어지지 않고 녹색을 유지하여 '겨우살이나무', '동청목(冬靑木)'이라고도 불린다. 주로 바닷가 산기슭의 반 그늘진 곳이나 인가 근처에서 자란다. 잎의 모양과 크기에 따라 '무늬나무', '긴잎사철', '흰점사철', '은테사철', '금테사철', '황록사철' 등 여러 품종으로 개량되어 조경수로 인기가 높다. 한국, 중국, 일본, 시베리아, 유럽 등지에 분포하며, 특히 한반도 중부 이남의 바닷가에서 많이 자란다. 내음력, 공해저항성, 내건성이 강해 전국적으로 재배가 가능하다.

가을이 되면 독도에서는 사철나무와 도깨비쇠고비를 제외한 대부분의 식물들이 녹색에서 단풍색으로 변한다. 이는 추운 겨울을 대비하기 위한 식물들의 환경적응 방법이다. 대부분의 식물들은 물과 양분을 운반하는 물관과 체관이라는 두 개의 큰 관을 가지고 있다. 겨울이 되면 식물체 내의 물이 얼 수 있어, 식물은 물관과 체관을 막아 수분 이동을 제한한다.

이로 인해 잎에 영양분과 물의 공급이 중단되어 잎을 떨구게

된다. 봄이 오면 막혔던 관들이 다시 열려 광합성과 영양분 생성이 시작된다. 단풍 현상도 이와 유사하다. 추위지면 녹색의 엽록소 대신 노란색의 카로티노이드나 붉은색의 안토시아닌 같은 색소가 발현되어 나뭇잎이 울긋불긋하게 변한다.

사철나무 중에서 특별히 주목받는 개체들이 있다. 경상북도 청도 명대리의 사철나무는 수령이 약 320년으로, 높이 5.5m에 이른다. 이 나무는 수형을 잘 유지하고 있으며 생육상태가 양호하여 경상북도에서 최대 규모로 추정된다. 마을 주민들의 공동 보호 노력으로 잘 보전되어 왔으며, 1994년 9월 29일에 경상북도 기념물 제101호로 지정되었다.

한편, 독도에서 가장 오래된 나무인 사철나무는 문화재청에 의해 국가지정문화재 천연기념물 제538호로 지정되었다. 이 나무는 독도의 동도 천장굴 급경사지 위쪽에서 자라고 있으며, 강한 해풍과 열악한 토양 조건 속에서도 생존해 왔다.

독도를 대표하는 수종으로서 100년 이상 우리 땅을 지켜온 상징적 가치가 크다. 2010년 대구지방환경청의 독도 생태계 정밀 조사에서는 독도 동도의 사철나무가 전남 여수에서 이동해 왔을 가능성이 크다는 결과가 발표되었다. 이전에는 독도 사철나무의 형태적 특성이 다른 지역의 개체와 달라 변종으로 여겨졌으나, 유전자 검사 결과 사철나무임이 확인되었다. 이 결과는 미국국립생물공학정보센터(NCBI)에 등록되어 국제적으로도 인정받았다.

땅채송화

7

학명	Sedum oryzifolium Makino
분류	돌나물과
분포지역	울릉도, 독도
특징	중부 이남의 바닷가에서 자라는 다년초이다. 독도가 생성된 이래 절벽지와 바위틈에 최초로 고착하여 생육하는 개척종이라 할 수 있다.

땅채송화는 한국에서 자생하는 고운 꽃 중 하나이다. 주로 봄에 피어나며, 산지와 들에서 자주 발견된다. '흰수련'이나 '시탄무침'이라고도 불리는 이 꽃은 한국의 전통적인 시와 속담에서 종종 언급되어 왔다. 특히 겨울을 이기고 봄에 나타나는 모습에서 봄의 상징으로 여겨지며, 자연의 불굴의 의지와 삶의 희망을 상징한다.

한국의 시인들은 땅채송화를 통해 깊은 성찰과 생명의 아름다움을 표현했다. 일제강점기 시인 윤동주의 〈땅채송화〉 시가 대표적인 예이다. 얼핏 보면 평범해 보일 수 있지만, 그 아름다움은 자연의 조화 속에서 찾을 수 있으며, 한국 문학과 예술에서 귀하게 여겨지고 있다.

독도에 자생하는 땅채송화(Sedum oryzifolium Makino)는 동도와 서도의 바닷가 바위 위에 자라는 여러해살이 풀이다. 꽃은 5~6월에 피며, 전라북도 및 경상남도 이남에서 자생한다. 아시아에서는 한국과 일본에서만 분포하며, '갯채송화' 또는 '각시기린초'라고도 부른다.

땅채송화는 햇볕이 잘 들어오는 바위나 물 빠짐이 좋은 땅에서 자란다. 독도에서는 대부분 바위틈에서 자라기 때문에 줄기를 땅속으로 깊게 내리지 못하고 옆으로 뻗으며 여러 개로 갈라진다. 바위채송화, 돌채송화와 비슷한 종류이지만, 땅채송화는 해안가 바위틈에서 자라고 잎이 짧고 동글동글하며 전체적으로 붉은색

깔을 띤다.

일부 식물학자는 독도에서 자생하는 것을 돌채송화로 분류하기도 하나, 우리나라에 자생하는 것은 대개 땅채송화로 알려져 있다. 땅채송화는 주로 타가수정을 하지만, 곤충이 없으면 자가수정을 한다. 독도에는 곤충이 적어 자가수정 확률이 높을 것으로 추정된다.

학명 세둠(Sedum)은 라틴어 'sedere(앉다)'에서 유래했고, 오리지폴리움(oryzifolium)은 '쌀알 모양의 잎을 가진'이라는 뜻이다. 땅채송화는 척박한 환경에 잘 적응한 식물이다. 잎은 바닷가의 바람과 염분에 견디기 위해 두툼하게 변했으며, 수분을 많이 함유하여 열악한 환경에서도 잘 생존한다. 꽃은 작지만 여러 개가 모여 곤충들의 눈에 잘 띄도록 한다. 이는 '동조현상'의 한 예이다. 5월이나 6월 땅채송화가 피는 시기에 독도를 방문하면, 바위틈에 노란 별들이 잔치를 벌이는 듯한 아름다운 광경을 볼 수 있다.

갯장대

8

학명	Arabis stelleri DC.
분류	십자화과
분포지역	울릉도, 독도
특징	제주도와 울릉도 등의 바닷가에서 자라는 2년생 초본으로 동도·서도의 통로와 완만한 사면을 따라 자란다.

갯장대(Arabis stelleri DC.)는 십자화과 식물로, 꽃잎이 십자모양으로 4장 달린다. 주로 바위 사면을 따라 드문드문 분포하며, 4월경 독도에서는 순백의 꽃으로 방문객을 맞이한다. 독도의 상릴한 햇빛을 받아 더욱 찬란하게 빛나는 갯장대의 하얀 꽃은 장관을 이룬다.

바닷가 식물의 특성답게 잎에는 왁스와 큐틴질이 많이 발달하여 수분을 보호하고, 잎의 털 역시 큐틴질로 덮여 보호 기능을 한다. 이 식물은 주로 한국, 일본, 러시아 등 아시아에서 볼 수 있으며, 우리나라에서는 제주, 전남, 경남, 경북(울릉도) 등 남부지방에 주로 서식한다.

갯장대의 어린 순은 식용으로 데쳐 나물로 먹기도 하며, 한방에서는 위통, 통증, 설사 치료에 사용된다. 전형적인 두해살이풀로, 주로 섬에서 자생하여 '섬갯장대' 또는 '섬장대'로도 불린다. 첫해에는 줄기 없이 잎이 땅바닥에 로제트 형태로 퍼지고, 이듬해에 줄기가 자라며 잎, 꽃, 열매를 맺는다.

갯장대와 유사한 식물로 장대나물[Arabis glabra (L.) Bernh.]이 있다. 꽃줄기가 장대처럼 곧게 자라 이런 이름이 붙었다. 학명의 '아라비스(Arabis)'는 아라비아 지역을, '글라브라(glabra)'는 라틴어로 '털 없이 매끄러운'을 의미하는데, 실제로 장대나물의 잎은 털이 없고 매끈하다. 한자명 새남개(賽南芥)는 굿판(賽)에서 사용되는 작은 깃대 모양의 장대나물류(南芥)라는 뜻을 담고 있다.

 갯장대는 이름에서 알 수 있듯이 주로 해변 모래땅이나 바위틈에서 자란다. 종자는 매우 작아 육안으로 보기 어려우며, 타원형에 작은 날개가 달려 있다. 열매가 익을 때면 갈색으로 변하여 꼿꼿이 서 있는데, 마치 바닷가의 강한 바람을 기다리는 듯하다. 이 바람을 타고 종자는 날개를 이용해 멀리까지 퍼져 나갈 수 있다.

독도 동도 바위틈에서 자생하는 갯장대는 열악한 환경 속에서도 굴하지 않고 잘 견딘다. 동해바다와 독도를 지키는 파수꾼의 모습과도 같다. 독도의 강한 바람에 다른 식물들은 땅에 바짝 엎드려 살지만, 갯장대는 허리를 꼿꼿이 세우고 멀리 울릉도와 오키노시마를 바라보며 종자를 퍼뜨릴 준비를 한다.

식물마다 종자를 산포하는 방법은 다양하다. 고사리 같은 양치식물은 수분을 흡수한 포자낭이 터지며 포자를 퍼뜨린다. 단풍나무, 소나무, 민들레는 날개를, 벼와 보리는 바람을, 동백나무와 사철나무는 새를, 야자수와 갯무는 물을, 도꼬마리와 도깨비바늘은 동물을 이용한다. 이처럼 식물은 다양한 방법으로 종자를 멀리 이동시킨다.

독도에 가기 어렵다면 육지에서 자생하는 갯장대를 관찰해 보자. 그 어엿하고 초연한 모습에서 독도를 지키는 아름다운 식물의 대견함을 느낄 수 있을 것이다.

초종용

학명	Orobanche coerulescens Stephan
분류	열당과
분포지역	울릉도, 독도
특징	전국의 해안가에서 자라는 기생식물로 환경부 지정 식물구계학적 특정식물 등급종

초종용(Orabanche coelulescens Stephan, 草茲蓉)은 열당과에 속하는 멸종위기 2등급 식물로, 보전과 관리가 매우 중요하다. 이 기생식물은 일본, 중국, 러시아, 네팔 및 한국의 해안가에 분포하며, 높이는 10~30cm 정도이다.

맛이 달고 무독성인 초종용의 학명 오로반케(Orabanche)는 그리스어에서 유래했다. '오로보스(Orobos, 콩의 일종)'와 '안케인(anchein, 목을 졸라 죽이다)'의 합성어로, 이 속 식물 중 일부가 콩과에 기생하는 특성을 나타낸다. '코에루레센스(Coelulescens)'는 '푸른색'을 의미한다. 초종용과 백양더부살이는 외관이 유사해 구분이 쉽지 않지만, 자세히 살펴보면 차이점이 있다.

초종용은 사철쑥에, 백양더부살이는 쑥에 기생한다. 꽃차례의 길이도 다른데, 초종용은 줄기의 1/3~1/2를 차지하는 반면, 백양더부살이는 줄기 대부분을 꽃이 덮어 더 풍성해 보인다. 또한 초종용의 꽃은 더 검푸른 빛을 띠고, 백양더부살이는 흰 줄무늬가 있다. 초종용은 햇볕이 잘 들고 건조한 환경을 선호하는 까다로운 생태를 가졌다. 그래서 울릉도, 제주도, 남해안의 일부 섬에만 자생하며 개체 수도 적다.

이 희귀식물은 환경 변화에 민감해 같은 장소에서도 매년 관찰이 어려울 수 있다. 이는 환경 변화나 정보 부족 때문일 수 있다. 따라서 이러한 식물의 보호를 위해 더 많은 관심과 이해가 필요하다.

    초종용은 대표적인 기생식물이다. 기생식물은 다른 식물이나 기질에 붙어 양분을 흡수하며 살아가는 식물을 말한다. 이들은 크게 두 종류로 나눌 수 있다. 첫째, 반기생식물은 엽록소를 가지고 광합성을 하면서도 부분적으로 기생적 영양섭취를 한다. 이들은 뿌리 발달이 미미하여 성장이 더디다. 대표적으로 제비꿀, 수염며느리밥풀, 겨우살이 등이 있다.

    둘째, 완전기생식물은 엽록소를 전혀 형성하지 않고 오직 기생으로만 생존한다. 담부대겨우살이와 초종용이 이에 속한다. 독도에 자생하는 초종용은 잎이 없어 광합성을 하지 않는다. 이는 엽록소가 없어 스스로 양분을 만들지 못함을 의미한다. 그렇다면 어떻게 살아갈까? 초종용은 인근의 사철쑥 뿌리에서 양분을 흡수하며 생존한다. 이러한 특성은 유전자 분석을 통해서도 확인할 수 있는데, 기생식물의 유전자에서는 광합성 관련 유전자가 퇴화하거나 사라진 것을 볼 수 있다.

  초종용은 이런 특성으로 인해 오래전부터 귀중한 약재로 활용되어 왔다. 초종용이라는 이름이 낯설게 느껴질 수 있지만, 이 식물의 우리말 이름은 다른 식물과의 공생 관계를 잘 나타낸다. 바닷가에 사는 특성을 반영해 '갯더부살이'라고도 하고, 쑥과 함께 사는 모습에서 '산사철쑥더부살이' 또는 '쑥더부살이'라고도 부른다. 이렇게 의미 있는 우리말 이름이 있음에도 '초종용'이라는 명칭이 주로 쓰이는 것은 수백 년에 걸쳐 한약재 이름으로서 사용해 왔기 때문이다.

갓

학명	Brassica juncea (L.) Czern.
분류	십자화과
분포지역	울릉도, 독도
특징	중국 원산의 1년초이다. 원래 동도 경비대 건물 주위에만 서식하고 있었으나, 2007년 이후 경비대 건물 아래의 남서쪽 사면에 대단위로 분포가 증가하였다.

독도의 봄을 가장 먼저 알리는 식물은 갓[Brassica juncea (L.) Czern.]이다. 갓은 초봄에 꽃을 피우고 나중에 잎을 만들어 광합성을 한다. 초봄에 꽃피는 식물들은 대부분 화려한 꽃을 먼저 피우는데, 이는 특별한 이유가 있다.

일반적으로 꽃들이 가장 많이 피는 계절은 6~9월 사이다. 야생화들은 주로 벌과 같은 곤충들을 매개로 수정을 한다. 그런데 초봄에는 곤충이 적어 수정이 쉽지 않다. 따라서 식물들은 먼저 화려한 꽃을 피워 그나마 있는 곤충들의 눈에 띄게 해 수정 확률을 높인 다음, 잎을 내어 에너지를 모은다. 초봄에 피는 꽃들은 대부분 화려하지만 향기가 강하지 않다. 꽃을 만드는 데 많은 에너지를 소모해 향기를 내기 위한 여력이 부족하기 때문이다.

이런 식물들은 우리 주변에서 쉽게 볼 수 있는데, 나무로는 개나리, 목련, 진달래, 벚나무가, 풀로는 노루귀, 깽깽이풀 등이 해당한다. 이들은 다른 식물들과 경쟁하기보다 먼저 꽃을 피워 곤충들을 유인하는 전략을 선택한 것이다. 갓은 독도의 자생식물이 아닌 귀화식물이다. 귀화식물은 재배 목적으로 들여오거나 공항, 항만, 여행객을 통해 우연히 들어온 외국 식물을 말한다. 또한 바람이나 바다 등 자연적 현상으로 유입되어 국내에 터를 잡고 생육, 번식, 확산하는 식물도 포함한다.

갓의 유입 시기는 명확하지 않지만, 독도에 귀화하여 정착한 것은 분명하다. 최근 독도 방문객 증가로 귀화식물이 매년 1%씩

늘어나고 있어, 자생식물 보호를 위한 특별한 전략이 필요하다. 현재 국내에 알려진 귀화식물은 약 321종으로, 대부분 풀이며 나무는 적다. 주로 유럽과 아메리카가 원산지이고, 국화과와 벼과 식물이 많은 편이다.

갓은 우리에게 갓김치로 많이 알려져 있다. 일반 토양에서도 잘 자라지만 습지를 특히 선호하여 수전(田)에서 재배하기에 적합하다. 줄기와 잎은 적당한 매운맛과 상쾌한 맛이 있어 주로 김장용으로 사용되며, 추위를 견딘 후 수확하면 더욱 맛이 좋아진다. 채소로서뿐만 아니라 다양한 용도로 널리 재배되고 있으며, 씨는 향신료나 거담, 신경통 등의 약재로 이용된다.

한글명 갓은 '쑥', '띠'처럼 외마디 소리의 고유 이름이다. 그 어원은 한자 겨자 '芥(개)'자를 '갓'으로 번역한 데서 유래했다는 견해가 있다. 독도의 귀화식물은 자생식물들의 서식지를 침범하여 고유 식물들의 생존을 위협할 수 있다. 이들은 유사 종간 교배를 통해 고유 식물의 유전자원을 훼손하기도 하며, 인간과 가축에게 피해를 주고 농작물 생산량을 감소시키는 등 다양한 문제를 야기한다. 또한 관광지의 자연경관을 해치는 요인이 되기도 한다.

그러나 모든 귀화식물이 생태계에 해를 끼치는 것은 아니다. 약모밀(어성초)과 같은 귀화식물은 오래전부터 약용 및 식용으로 활용되어 왔으며, 자주개자리와 토끼풀은 목초식물로서 유용성이 높다. 따라서 귀화식물의 관리와 이용 방식에 따라 그 가치가 달라질 수 있다. 독도에 자생하는 귀화식물 갓은 '무관심'이라는 꽃말처럼 주변 식물을 고려하지 않고 빠르게 영역을 확장해 나가고 있어 주의가 필요하다. 독도 생태계의 안정을 위해서는 갓의 정착은 바람직하지만, 자생식물을 과도하게 밀어내지 않도록 균형을 유지하는 것이 중요하다.

결론적으로, 독도에 새로운 식물들이 자연스럽게 유입되어 생태계를 풍성하게 하는 것은 긍정적이나, 일부 식물들이 자생식물을 위협하는 현상에 대해서는 주의 깊게 관찰하고 대응해야 한다. 독도의 고유한 생태계를 보존하기 위해 지속적인 관심과 노력이 필요하다.

갯괴불주머니

11

학명	Corydalis platycarpa (Maxim.) Makino
분류	양귀비과
분포지역	울릉도, 독도
특징	울릉도와 독도에서 자라는 2년생 초본이다. 서도의 가파른 경사면을 따라 분포한다.

갯괴불주머니[Corydalis platyourpa (Maxim. ex Palib.) Makino]는 4~5월에 꽃을 피우며, 제주도에서는 2월에도 개화한다. 국내에서는 주로 제주, 남해, 울릉도에 분포한다. '괴불주머니'라는 이름은 옛날 부녀자나 아이들이 노리개로 차고 다니던 '괴불'과 닮은 데서 유래했다. 괴불은 어린아이의 주머니끈 끝에 다는 세모 모양의 노리개로, 색색의 천으로 만든다. 귀신을 쫓는 데 효험이 있다 하여 지니고 다녔다고 한다. 이 꽃이 바로 그 괴불주머니를 닮아 붙여진 이름이다.

'갯'은 바닷가에서 살고 있다는 뜻의 어원을 가지고 있다. 독도의 식물 중에는 '갯개미자리'도 있다. 식물의 학명인 '코리달리스(Corydalis)'는 꽃부리가 볏이 있는 종달새를 닮았다고 해서 붙여진 라틴어이다.

유사한 이름으로는 '산괴불주머니', '눈괴불주머니', '자주괴불주머니', '큰괴불주머니', '염주괴불주머니' 등이 있다. 그중 갯괴불주머니와 가장 유사한 식물은 염주괴불주머니인데, 열매의 배열로 구별한다. 1줄로 배열되어 있으면 염주괴불주머니, 2줄로 배열되어 있으면 갯괴불주머니이다. 갯괴불주머니는 주로 바닷가의 모래땅에 자생하며, 세계적으로 한국과 일본에만 분포한다. 꽃모양이 독특하며, 화관색은 노란색으로 한쪽 끝에는 꿀이 들어 있고 반대쪽은 입술모양으로 벌어져 있다. 열매는 종자가 2줄로 배열되며, 윤택이 나고 둥근 모양이며, 전체적으로 길고 염주 모

양으로 되어 있다. 종자는 흑색이다.

갯괴불주머니는 주로 독도 동도의 남쪽 사면과 서도의 북쪽 사면에 자생한다. 뿌리에서 아주 고약한 악취가 나서 곤충이나 기타 벌레들이 접근하지 못하므로 식물체가 거의 온전한 상태로 잘 자란다. 인간의 경우 백혈구가 있어 식균작용을 하지만, 식물은 자기 자신을 보호하려고 대사 작용을 통해 강력한 독을 만들기도 한다.

TV드라마 사극에서 죄인들에게 먹이는 사약의 재료로 천남성 등과 같은 독이 강한 식물을 사용한다. 갯괴불주머니도 뿌리에 강한 독성이 있어 동물이 먹으면 죽을 확률이 매우 높다. 독도 식물의 기원을 밝히기 위해서는 분자생물학적 연구 방법을 사용해

야 하는데, 이때 필요한 것이 식물의 DNA이다. DNA를 얻기 위해 식물의 잎을 확보하는데, 갯괴불주머니는 가까이 가기만 해도 아주 역한 냄새가 나서 숨쉬기가 곤란할 정도다. 이처럼 고약한 분비물을 배출해 자신을 보호한다.

식물은 자연살충제를 분비하여 자기 자신을 방어한다. 예를 들어, 토마토는 '헥스빅(HexVic)'이라는 자연살충제를 내뿜는다. 뿌리를 갉아먹는 나방의 유충을 퇴치하기 위해서다. 유충의 공격을 받으면 공기 중으로 '2-3-hexenal(헥센알)'이란 물질을 분비한다. 이는 나무나 풀을 상처 냈을 때 나는 냄새와 같다. 아직 공격받지 않은 토마토는 '동료'가 분비한 냄새로 벌레의 공격을 감지하고 헥스빅을 만들어 낸다. 헥스빅을 맡은 곤충의 치사율은 30%에 달하며, 이어서 옆에 있는 토마토가 만들어 낸 헥스빅의 치사율은 50%로 높아진다. 이는 공격무기인 헥스빅을 미리 분비하여 벌레의 기습에 대비한 결과로, 대단한 생존 전략이다.

민간에서는 독사나 벌레에 물렸을 때 갯괴불주머니를 찧어 바르면 부기가 빠진다고 한다. 냄새가 매우 강해 독도에서 사진을 찍을 때 가장 곤욕스러운 식물이 바로 갯괴불주머니다. 잎을 따서 비벼 냄새를 맡으면 그 심한 정도를 확실히 느낄 수 있다. 매년 4월이나 5월에 독도를 방문하면 노란색 꽃을 흔들며 반겨주는 갯괴불주머니를 볼 수 있다.

개쑥갓

12

학명	Senecio vulgaris L.
분류	국화과(Compositae)
분포지역	울릉도, 독도
특징	유럽 원산의 귀화식물이며 유럽에서는 포기째 월경통 등에 약으로 쓴다. 한국 전지역에 분포한다. 전국 각처에서 나는 해넘이한해살이풀로서 독도에서는 사람이 이동하는 통로를 중심으로 분포해 있다.

개쑥갓(Senecio vulgaris L.)은 주로 북미와 아시아에 분포하며, 1년 또는 2년의 생존기간 동안 꽃을 피우고 종자를 맺는다. 이름의 유래는 잎이 쑥갓과 유사하나 식용이 불가능한 점에서 비롯되었으며, '아주 흔하거나 쓸모없는 풀'이라는 의미로 '개'라는 접두어가 붙었다. 이는 '개망초', '개별꽃', '개다래' 등 다른 식물에서도 볼 수 있는 명명 방식이다.

학명인 '세네시오(Senecio)'는 라틴어 '세넥스(senex)'에서 유래하여 '나이 든 사람'을 뜻하며, 열매의 백색 털을 떠올리게 한다. '불가리스(vulgaris)'는 '흔하다'는 뜻으로, 전체적으로 '흔한 노인 식물'로 해석할 수 있다. 개쑥갓은 봄부터 가을까지 노란 꽃을 피우는 것으로 알려져 있으나, 최근에는 계절에 관계없이 꽃을 피운다.

꽃은 파마한 머리 모양을, 씨앗은 헝클어진 하얀 머리나 겨울 털모자를 연상시킨다. 이러한 특징으로 영어로는 '봄에 핀 노인(old-man-in-the-spring)'이라 불린다. 겨울철 대부분의 식물들이 추위를 피해 움츠러드는 반면, 개쑥갓은 꿋꿋이 꽃을 피운다. 이 식물의 생명력은 매우 강해서 거의 연중 개화와 결실을 반복하며, 종자 끝의 털을 이용해 바람을 타고 멀리 퍼진다.

영남대학교 캠퍼스에서는 12월에도 개화하는 모습을 볼 수 있다. 독도에서는 2014년에 처음으로 1개체가 발견되었는데, 이는 새로운 식물 이식 과정에서 우연히 유입된 것으로 추정된다.

외래종인 개쑥갓은 높은 생존율과 많은 종자 수로 인해 독도의 생태계에 위협이 될 수 있다. 따라서 제거 또는 지속적인 모니터링 등의 적절한 관리가 필요하다. 밭에서도 제거에 많은 시간이 소요되는 만큼, 독도의 자생식물 보호를 위해 신속한 대응이 요구된다.

개쑥갓은 한의학에서 '구주천리광'이라고도 불린다. 잎에는 세네시오닌과 세네신이라는 두 종류의 알칼로이드, 그리고 이눌린을 함유하고 있다. 이 식물은 월경통, 산통, 치질 등에 약재로 사용되며, 진통과 진정 효능이 있다. 편도선염, 인후염, 복통, 불안증에도 효과가 있다고 알려져 있다.

봄부터 가을 사이에 풀 전체를 채집하여 햇볕에 말린 후 바람이 잘 통하는 곳에 보관한다. 근육통이나 요통이 있을 때는 말린 개쑥갓을 띄워 목욕하면 좋다고 한다. 개쑥갓의 본래 고향은 유럽이다. 개항 이후 한국에 들어와 퍼져나간 이 식물은 어떤 토종 풀보다도 질기게 꽃을 피우며 살아간다. 독성이 있지만, 적절히 조리하면 나물로도 먹을 수 있고 약용으로도 쓰인다.

추운 겨울날, 목을 길게 세우고 하얀 모자를 쓴 듯한 개쑥갓을 발견하면 사진을 찍어보는 것도 좋을 것이다. 독도에 최근 들어온 개쑥갓은 외래식물이라는 이유로 환영받지 못하고 있다. 그러나 비록 오래전부터 자생한 식물은 아니지만, 이제는 독도의 일원이 되었기에 지속적인 관심과 모니터링이 필요하다.

마디풀

13

학명	Polygonum aviculare L.
분류	마디풀과
분포지역	울릉도, 독도
특징	전국 각처에서 나는 1년초로서 독도에서는 사람이 이동하는 통로를 중심으로 분포해 있다.

 독도에 자생하는 마디풀(Polygonum aviculare L.)은 한해살이 식물로 논밭이나 길가에서 흔히 자란다. 꽃은 한꽃에 암술과 수술이 있으며, 6~7월에 핀다.

 학명인 아비쿨라레(aviculare)는 '작은 암컷 새'라는 의미의 라틴어로 작은 꽃이 달리기 때문에 붙여졌다. 주로 북반구 온대와 아열대에 분포하며, 우리나라의 경우 거의 전 지역에서 관찰할 수 있다.

 마디풀이란 줄기가 마디 이어지듯이 많이 연결되어 있어서 붙여진 이름이다. 주로 길가나 밭둑, 논둑에서 야생하는데 성장력이 매우 왕성하다. 육지에 사는 마디풀과 독도에 사는 마디풀은 약간 다르다. 육지에 사는 마디풀은 좀 더 키가 크고, 잎도 크다. 그러나 독도 마디풀은 키라고 할 것까지도 없다. 바닥에 바짝 엎드려서 살고 있고 잎도 작다. 똑같은 종인 마디풀인데도 이렇게 차이가 나는 것은 독도라는 특수한 환경에 적응하기 위해서 변화되었기 때문이다.

'질경이'만큼이나 척박한 땅에서도 잘 자라는 풀이 바로 마디풀이다. 조그마한 철쭉꽃 사이로 또는 아스팔트 사이에도 비집고 줄기가 나오고 있다. 인간에 의해 밟혀도 바로 마디에서 새로운 뿌리를 내려 살아가고 있다. 새로운 뿌리를 마디마디에서 모두 내기 때문에 다른 식물보다 더 생명력이 강하다.

마디풀은 마디에서 잎과 꽃을 만든다. 마디가 없으면 똑바로 서거나 옆으로 갈 수 없는 구조로 되어 있다. 우리도 관절이 있어 움직이고 행동하듯이 마디풀은 이 마디를 이용하여 종자를 만들고 새로운 개체도 만들 수 있는 것이다. 마디풀 꽃은 너무 작아 눈에 잘 띄지 않는다. 그 작은 꽃을 자세히 관찰하면 꽃이 아닌 꽃받침이 있다는 것을 알 수 있다. 꽃잎이 없는 식물이다. 식물학적으로 꽃잎, 꽃받침, 암술, 수술이 다 있으면 다 갖춘꽃이라고 하고 그중 하나라도 없으면 못 갖춘꽃이라고 한다. 뭔가 부족한 식물인 이 마디풀이 아주 힘든 환경에서도 잘 살아남을 수 있는 비결이 바로 마디에 있는 것이다.

마디풀은 한꽃에 암술과 수술이 다 있으며, 꽃이 예쁘지가 않다. 당연히 곤충들이 오지 않는다. 그래서 종자를 생산하는 전략을 타가수정이 아닌 자가수정을 택했다.

흔히 마디풀은 잡초라고 한다. 말 그대로 이름 없는 잡풀이다. 사람들은 예쁜 꽃이나 아름다운 수형을 가지고 있는 나무에 비해 이런 식물들은 없애 버려야 할 식물로 취급한다. 그래서 뽑히고 밝히고 망가져 가고 있다. 하지만 이런 잡초가 곤충에게는 집이 되고 휴식공간이 된다. 또한 우리 인간에게는 강인한 생명만큼이나 유용한 물질들을 제공해 준다.

마디풀에는 아비쿨라린(Avicularin), 하이페린(Hyperin), 퀘르시트린(Quercitrin), 이소퀘르시트린(Isoquercitrin), 레이노트린(Reynoutrin), 루틴(Rutin) 등이 함유되어 있다고 알려져 있다. 이러한 성분들은 주로 소변이 잘 나오지 않는 증세에 좋으며, 살균의 효능을 가지고 있다고 한다. 이러한 잡풀이 바로 독도의 동도, 서도에 자생하면서 독도의 아픔을 치유하고 있으니 얼마나 유용한 풀인가? 잡초라 하여 뽑아버려야만 하는가?

독도에 서식하 마디풀(Polygonum aviculare L.)은 한해살이 식물로, 논밭이나 길가에서 흔히 볼 수 있다. 꽃은 한 송이에 암술과 수술이 모두 있으며, 6~7월에 핀다. 주로 북반구 온대와 아열대에 분포하며, 우리나라에서는 거의 전 지역에서 관찰할 수 있다.

마디풀이란 이름은 줄기의 마디가 연속적으로 이어져 있어 붙여졌다. 주로 길가나 밭둑, 논둑에서 야생하며 성장력이 매우 왕성하다. 육지의 마디풀은 키가 크고 잎도 큰 편이지만, 독도의 마디풀은 바닥에 바짝 엎드려 자라며 잎도 작다. 이런 차이는 독도의 특수한 환경에 적응한 결과다. 마디풀은 질경이처럼 척박한 땅에서도 잘 자란다. 철쭉꽃 사이나 아스팔트 틈새에서도 줄기를 내밀며, 인간에 의해 밟혀도 마디에서 새 뿌리를 내려 살아간다.

마디마다 새 뿌리를 내릴 수 있어 생명력이 특히 강하다.

마디풀은 마디에서 잎과 꽃을 만든다. 마디가 없으면 똑바로 서거나 옆으로 뻗을 수 없는 구조다. 사람의 관절처럼, 마디풀은 이 마디로 종자를 만들고 새로운 개체를 형성한다. 꽃은 매우 작아 눈에 잘 띄지 않으며, 자세히 보면 꽃잎 대신 꽃받침만 있다. 식물학적으로는 '못 갖춘꽃'에 속한다. 이렇게 부족해 보이는 마디풀이 힘든 환경에서도 잘 살아남는 비결이 바로 마디에 있다.

마디풀은 한 꽃에 암술과 수술이 모두 있지만, 꽃이 화려하지 않아 곤충을 유인하지 못한다. 그래서 타가수정 대신 자가수정을 통해 종자를 생산한다. 흔히 마디풀은 잡초로 여겨진다. 사람들은 아름다운 꽃이나 나무에 비해 이런 식물을 제거 대상으로 여긴다.

하지만 이런 잡초는 곤충에게 서식지와 휴식 공간을 제공하고,

인간에게도 유용한 물질을 제공한다. 마디풀에는 아비쿨라린, 하이페린, 퀘르시트린 등 여러 성분이 함유되어 있다. 이들은 주로 이뇨 작용과 살균 효과가 있다고 알려져 있다. 이런 잡풀이 독도의 동도와 서도에 자생하며 독도의 생태계를 지키고 있다. 단순히 잡초라고 해서 쉽게 제거해야 하는 것은 아니다.

방가지똥

14

학명	Sonchus oleraceus L.
분류	국화과
분포지역	울릉도, 독도
특징	전국 각처에 분포하는 1-2년초이다. 독도 전역에 산재해 있으나 2007년 외래종 제거 사업 시 대량으로 제거된 이후 개체수가 급격히 감소하였다.

방가지똥(Sonchus oleraceus L.)은 국화과에 속하는 두해살이풀로, 우리나라 전국을 비롯해 중국, 일본, 중앙아시아, 유럽에 널리 분포한다. 학명 손쿠스(Sonchus)는 '속이 비어 있다'는 뜻이고, 올레라케우스(oleraceus)는 '식용 채소의', '밭에서 재배하는'이라는 뜻의 라틴어다. 즉 방가지똥은 '줄기 속이 비어 있는 식용 가능한 채소'를 의미한다. 잘 알려지지 않은 이름이지만 우리 주변에서 흔히 볼 수 있는 풀로, 다양한 용도로 쓰여 '만능'이라고도 불린다.

방가지똥이라는 이름에는 '똥' 자가 들어가는데, 이는 하얀색 유액이 시간이 지나면서 갈색으로 변하기 때문이다. 비슷하게 '똥' 자가 들어가는 식물로 '애기똥풀'이 있는데, 이는 노란색 유액을 내놓는다. 이러한 유액은 줄기나 잎을 잘랐을 때 나오며, 자기 방어와 치유 기능을 한다.

방가지똥과 유사한 식물로 큰방가지똥이 있다. 큰방가지똥은 잎의 가시가 더 날카롭고 질기며, 잎의 엽저 부분이 줄기를 반절 정도만 감싼다. 또한 잎의 갈라짐 정도도 다르다. 방가지똥은 외래식물로 여겨져 제거하려는 경우도 있지만, 실제로는 동물들에게 중요한 먹이원이다. 특히 가축 사료로 유용하여 계란과 우유 생산량 증가에 도움을 준다. 이는 방가지똥에 풍부한 단백질 때문이다.

인간에게도 건강식품으로 주목받고 있다. 항암효과가 있어 유방암에 좋다고 알려져 있으며, 간과 위 기능 개선, 해열, 혈액 정

화, 해독 작용 등의 효능이 있다. 독도에 자생하는 방가지똥은 엉 컹퀴와 형태가 비슷해 꽃이 피지 않았을 때는 구분하기 어렵다. 겉모습은 거칠고 단단해 보이지만, 줄기는 속이 비어 있다. 꽃과 열매는 작고 귀여운 모습을 띤다.

현재 독도의 동도에서만 관찰되고 있지만, 종자의 뛰어난 분산 능력으로 서도에서도 자생할 가능성이 있다. 아침 이슬을 맺은 방가지똥의 잎은 특히 아름다운데, 이는 식물학적으로 일액현상 이라고 불린다. 이 모습은 단순한 물방울이 아닌 다이아몬드처럼 빛나 보인다.

별꽃

15

학명	Stellaria media (L.) Vill.
분류	석죽과
분포지역	울릉도, 독도
특징	유럽 원산이며 우리나라의 각처에 분포하는 2년생 초본이다. 동도의 통로 근처 일부와 서도 북서쪽 사면에 왕호장근의 하층식생으로 대군락이 발달되어 있다.

　별꽃[Stellaria media (L.) Vill]은 전국의 밭이나 길가에 흔하게 자라는 두해살이풀이다. 전 세계에 광범위하게 분포하며, 우리나라에서도 전 지역에서 자생한다. 꽃은 초봄, 주로 3~4월에 가지 끝에서 피며 흰색이다. 주로 길가, 공터, 밭두렁에 분포하며, 햇볕이 잘 드는 곳뿐만 아니라 반양지에서도 잘 자란다. 고도가 낮은 지대의 습기 있는 곳에서 흔하게 볼 수 있으며, 여러 개체가 모여 생활하는 것이 특징이다.

　봄에 일찍 피는 쇠별꽃[Stellaria aquatica (L.) Scop.]과 비슷하지만, 별꽃은 크기가 더 작고 암술대가 3개인 반면 쇠별꽃은 5개여서 구분된다. 꽃이 달린 줄기(화경)에는 털이 한쪽 방향으로만 나 있으며, 이 털은 약간 아래를 향해 있어 건조기에 아침 이슬을 뿌리 쪽으로 보내 물을 흡수하는 기능을 한다.

　잎에는 사포닌(saponin)이 함유되어 있어 다량 섭취 시 해로울 수 있지만, 약용으로는 피부 가려움증 치료에 사용된다. 학명의 스텔라리아(Stellaria)는 '별'을 의미하며, '메디아(media)'는 라틴어 '메디움(medium, 중개자)'에서 유래했다. 이는 하늘의 별과 땅 위의 별꽃을 중개한다는 의미로 해석할 수 있다.

별꽃과 쇠별꽃은 냉이, 명아주, 마디풀, 새포아풀과 함께 세계 5대 잡초로 꼽힌다. 그만큼 전 세계에 널리 분포한다는 뜻이다. 꽃잎은 5장이지만 깊게 갈라져 10장처럼 보이는데, 이는 곤충의 눈에 잘 띄어 수정을 돕기 위한 진화의 전략이다.

별꽃은 환경에 따라 타가수정과 자가수정을 선택할 수 있는 적응력이 뛰어난 식물이다. 수정된 꽃은 고개를 숙여 종자를 만들고, 수정되지 않은 꽃은 머리를 꼿꼿이 세워 배우자를 기다린다. 인동도 이와 유사하게 수정된 꽃은 노란색으로 변해 수정되지 않은 흰색 꽃과 구분된다.

이는 곤충이 꿀과 꽃가루가 있는 꽃을 쉽게 찾을 수 있게 해준다. 종자는 표면이 울퉁불퉁해 땅에 떨어지면 쉽게 흙 속으로 들어갈 수 있는 구조다. 이렇게 환경에 잘 적응하며 살아가는 아름다운 별꽃이 독도의 땅에도 자라고 있어 그 모습이 더욱 빛난다.

비짜루

16

학명	Asparagus schoberioides Kunth
분류	백합과
분포지역	울릉도, 독도
특징	전국의 산지에 분포하는 다년초이다. 독도에서는 완경사지를 중심으로 산생하고 있다.

비짜루(Asparagus schoberioides Kunth)는 백합과 식물로 여러해살이풀이다. 보통 집에서 사용하는 빗자루와 비슷한 모양새 때문에 이러한 이름이 붙었다.

비짜루는 굵은 줄기를 가지며, 푸른 줄기는 곧게 1m 안팎의 높이로 자라고 많은 가지를 친다. 꽃은 대롱 모양으로 끝이 여섯 갈래로 갈라지며, 한국이 원산지이고 중국, 일본, 러시아 등에 분포한다. 비짜루보다 꽃자루가 길고 열매가 방울방울 달리는 변종을 '방울 비짜루'라 한다.

야채로 먹는 아스파라거스(Asparagus officinalis)와 비슷하나, 아스파라거스는 꽃자루가 1cm 정도이고 꽃이 1~2송이씩 피는 점이 다르다. 우리가 자주 먹는 아스파라거스(Asparagus)는 그리스어에서 유래했으며, 'A'는 '매우, 심히', '스파라소(sparasso)'는 '가시, 찔

리다, 갈라진다'라는 뜻으로, '잎의 열편이 아주 심하게 갈라지다' 라는 의미를 갖는다.

아스파라거스의 어원은 원래 페르시아어에서 기원했다고 알려져 있으며, 여러 나라에서 다양한 이름으로 불린다. 비짜루는 봄에 나오는 어린 순을 '비지깨나물'이라고도 하고 경상도에서는 '밀풀'이라 하는데, 식용 아스파라거스처럼 연하고 단맛 나는 맛있는 산나물이다. 또한 노간주비짜루, 노간주빗자루, 닭의비짜루, 덩굴비짜루, 비자루, 빗자루 등 다양한 이름으로도 불린다.

비짜루는 암수딴그루(자웅이체)이다. 일반적으로 식물의 꽃은 양성화와 단성화로 나뉘는데, 비짜루는 은행나무처럼 암그루와 숫그루가 따로 있다. 식물의 성 구분에 대한 진화 과정은 아직 완전히 밝혀지지 않았으며, 꽃피는 식물의 경우 암수딴몸은 암수한

몸으로부터 독자적, 반복적으로 진화했다고 학자들은 설명한다.

유전자의 관점에서 보면, 일부 유전자는 수컷의 생식력과 불임성을, 다른 유전자는 암컷의 생식력과 불임성을 관장한다. 이에 따라 자손의 성별이 결정되며, 양쪽의 불임성을 모두 물려받은 개체는 중성이 되어 번식력이 없으므로 결국 도태된다. 사람의 경우, 이러한 유전자의 뒤섞임과 짝짓기는 불가능한데, 이는 암컷과 수컷의 성 염색체가 각기 하나의 단위로 되어 있기 때문이다.

산달래

학명	Allium macrostemon Bunge
분류	백합과
분포지역	울릉도, 독도
특징	전국 각처에서 흔히 나는 다년초로서 동도 경비대건물 우측의 사면 상단부 5×5m 크기의 면적에 미나리군락과 혼생하고 있다

산달래(Alium macroslemon Bunge)는 주로 독도 서도의 물골에서 정상부근으로 올라오는 길에 서식한다. 학명 알리움(Allium)은 '향'을 의미하는 고대 라틴어 알레레(alere)나 바리움(balium)에서 유래했으며, '펀전트(pungent, 자극적인 냄새)'라는 뜻의 고대 라틴어 아글리스(aglis)나 켈트어 올(all)에서 비롯되기도 했다. 이는 마늘 향이 나는 식물들과 인류 사회의 특별한 관계를 보여준다. 마크로스테몬(macrostemon)은 '길게'를 뜻하는 마크로(macro)와 '수술'을 의미하는 스타멘(stamen)이 합쳐진 '긴 수술'이라는 뜻이다.

국명인 산달래의 '산'은 야생을 뜻하고, '달래'는 달랑달랑 매달린 뿌리와 비늘줄기의 모양에서 유래했다. 단군신화에 등장하는 마늘처럼, 향이 있는 식물들은 오래전부터 중요한 문화적 소산물이었다. 불교의 오신채에 포함된 마늘과 파는 수행에 방해가 된다고 여겨졌으며, 마늘 향은 모든 맛의 고유성을 혼란스럽게 한다. 동유럽에서는 그 향이 드라큘라를 쫓을 정도로 강하다고 여긴다. 재배 마늘 이전에 우리 조상들은 달래와 산달래를 사용했다.

단군신화의 마늘은 현대의 재배종이 아닌 산달래나 산마늘일 가능성이 높다. 지역에 따라 산달래, 산마늘, 달래를 구해 사용했을 것이다. 북부 지역에는 달래가, 남부 지역에는 산달래가 더 흔하다. 울릉도의 명이나물로 알려진 산마늘도 산달래와 유연관계가 가깝다. 마늘이 일상적으로 사용되는 현재, 독도에 산달래가

자생한다는 사실은 놀랍다.

산달래는 동아시아 전역에 분포하는 여러해살이풀로, 5~6월에 백색 또는 연한 홍색 꽃을 피운다. 산달래의 독도 자생에 대해 고민해 보면, 주로 비늘줄기나 눈으로 번식하며, 꽃자루 아랫부분의 살눈이 떨어져 번식한다. 여름에는 비늘줄기가 나뉘어 새로운 개체로 자라고, 늦가을에는 구슬모양 비늘줄기에서 잎이 나와 월동한다.

산달래는 야생 달래를 의미하지만, 실제로는 달래와 모양이 많이 다르다. 달래는 작고 꽃이 하나씩 피지만, 산달래는 키가 크고 꽃자루가 길며 여러 꽃이 함께 핀다. 아마도 울릉도에서 독도로 옮겨져 번식했을 가능성이 높다. 산달래는 봄이나 가을에 채취해 말려서 민간요법으로 사용하며, 진통, 소화불량, 벌레 물린 상처 치료, 수면제 등으로 이용되었다.

섬괴불나무

18

학명	Lonicera insularis Nakai
분류	인동과
분포지역	울릉도, 독도
특징	울릉도에만 자생하는 한반도 특산식물로서 푸른독도가꾸기사업으로 400여 그루의 묘목을 독도에 식재하였으나, 사후 미비한 관리로 인하여 현재는 10여 개체 정도만이 생존해 있다.

  섬괴불나무(Lonicera insularis Nakai)는 우리나라의 울릉도, 독도 그리고 일본에 분포하는 낙엽관목으로 높이가 5~6m에 달한다. 전 세계적으로 우리나라와 일본에만 분포하는 중요한 식물이므로 자생지에서의 개체보호와 자생지 보존이 필요하다. 또한 인공으로 대량 증식하여 경제수종으로 이용되기도 한다.

  학명 로니케라(Lonicera)는 독일의 16세기 수학자이자 채집가인 아담 로니처(Adam Lonitzer)를 기념하여 붙여졌으며, 인술라리스(insularis)는 '섬에서 자라는'이라는 뜻의 라틴어이다. 괴불나무의 이름은 열매가 좌우대칭으로 두 개씩 마주보며 열리는 모양이 괴불을 닮아 붙여졌다.

  '괴불'이란 옛날 아이들이 차고 다니던 노리개 같은 것으로, 툭

튀어나와 벌어진 꽃잎 조각이 그 모습을 닮았다고 한다. 괴불나무는 잎자루가 짧고 끝이 길게 뾰족하며, 앞면은 비교적 털이 없고 평탄하며 뒷면의 그물맥 위에 털이 있다. 반면 섬괴불나무는 앞면의 그물맥과 뒷면에 털이 많다. 잎의 끝은 둥글거나 뾰족한 것이 함께 있으며, 꽃은 괴불나무보다 긴 꽃자루 끝에 2개씩 달린다.

일본의 섬괴불나무는 주로 규슈에 분포하며, 우리나라 독도와 울릉도의 섬괴불나무와는 잎에서 약간 차이가 있다. 울릉도의 섬괴불나무는 일본 것보다 꽃잎 너비가 더 크므로, 같은 종인지는 유전자 검사를 통해 확인할 필요가 있다.

현재 독도에 분포하는 섬괴불나무는 1974년부터 1996년까지 울릉도로부터 총 425그루가 식재되었으나, 현재는 그 중 일부만 남아 있는 것으로 추정된다. 독도의 나무는 특별한 의미를 지닌다. 국제법상 섬으로 인정받기 위해서는 사람과 식수, 나무가 필요하기 때문이다.

현재 김신열 씨가 서도에 주민등록이 되어 있고, 물골에서 식수가 나오며, '독도 나무'는 독도가 국제적으로 완벽한 섬이 되는 마지막 요소이다. 울릉도에서 독도로 옮겨 심은 섬괴불나무 중 일부는 고사했지만, 현재 뿌리를 잘 내려 처음 20cm에서 2m 높이로 성장했다.

울릉군은 2014년부터 '독도 나무심기'를 재개하여 유전자 분석과 개체증식복원을 통해 사철나무, 섬괴불나무, 보리밥나무 등 총 3,960그루를 독도에 심었다. 또한 묘목의 생육상태를 지속적으로 관리하고 있다.

일부에서는 생태계 교란을 우려하지만, 과거 독도에 자랐던 나무들이 미군 폭격으로 사라져 산사태가 빈번해진 점을 고려하면 나무심기가 필요하다는 의견도 있다. 정부의 노력으로 독도에 나무를 심고 있으며, 이번에는 반드시 성공하여 독도에 나무가 무성하게 자라길 기대한다.

참빗살나무

19

학명	Euonymus hamiltonianus Wall.
분류	노박덩굴과
분포지역	울릉도, 독도
특징	참빗살나무는 화살나무속으로 식별형질의 중복현상과 변이가 심해 형태를 통한 종판별이 어려운 분류군으로 독도의 서도에서 4개체 확인되었으며, 비둘기과, 지빠귀과 등 조류의 식이식물로 이들에 의해 유입되었을 것으로 추정한다.

참빗살나무(Eorymus hamiltonianas Wall)는 참빗의 살을 만드는 데 사용되어 이름이 붙었다. 줄기는 활, 가구재, 도장재, 신탄재, 세공재로 쓰이며, 가지와 나무껍질은 구충, 진통 등의 약재나 민간 암 치료제로 활용된다. 한방에서는 참빗살나무가 풍을 몰아내고, 습한 기운을 내보내며, 피를 돌게 하고 통증을 완화하는 효능이 있다고 알려져 있다.

줄기껍질과 열매를 햇볕에 말려 근육통, 관절통, 심한 기침, 동맥경화증, 혈액순환 장애, 치질 등의 치료에 사용한다. 특히 치질이나 근육통, 관절통에는 가지를 달인 물로 찜질하면 효과적이다. 『동의보감』에는 "성질이 차고 맛은 쓰며, 혈액순환을 원활하게 하고, 어혈을 없애며, 생리를 조절하고, 장내 기생충을 제거한다"고 기록되어 있다.

또한 항암 작용이 있어 암 치료에도 효능을 보인다고 한다. 참빗살나무의 주성분인 싱아초산나트륨은 혈당량을 낮추고 인슐린 분비를 촉진하여 당뇨에 효과가 있으며, 혈액 순환 개선으로 동맥경화와 고혈압 치료에도 도움이 된다. 최근에는 지팡이와 바구니의 재료로도 많이 사용된다.

성장이 빠르고 가을 단풍이 아름다워 고급 분재수로 인기가 있으며, 꽃 또한 귀엽고 예쁜 수종이다. 이 나무는 산기슭, 산 중턱, 하천 유역에서 자라며 양지와 음지 모두에서 잘 자란다. 내한성이 강하고 적당한 수분을 함유한 사질양토를 선호한다.

참빗살나무는 2013년 독도의 서도에서 처음 발견되었다. 독도의 동도와 서도는 식물종 분포에 차이가 있는데, 이는 인간의

간섭 정도 때문이다. 동도는 관광객과 경비대의 출입으로 인한 영향이 크지만, 서도는 상대적으로 외부 영향이 적다. 동도에서만 발견되는 식물이 33종, 서도에서만 발견되는 식물이 9종으로, 참빗살나무는 서도 고유종 중 하나이다.

독도의 참빗살나무는 서도 물골에서 정상부로 향하는 계단 근처에서 발견되었다. 2013년 발견 당시에는 잎만 있어 정확한 식별이 어려웠으나, 유전자 검사를 통해 참빗살나무로 확인되었고 이후 꽃도 관찰되었다. 단 2개체만 자생하고 있어, 새들의 배설물을 통해 육지에서 이동했을 가능성이 높다.

이러한 새로운 종의 유입은 독도 생태계의 다양성을 높이는 긍정적 측면이 있지만, 기존 자생 생물에 위협이 될 수 있어 신중한 접근이 필요하다. 참빗살나무는 독성이 있어 섭취 시 설사를 유발할 수 있다. 독도에서 새롭게 발견된 이 귀중한 식물 자원을 보전하고 연구하는 것이 중요하다. 단 2개체뿐인 이 나무를 보호하고 관리하는 것은 독도의 자연유산을 후대에 물려주는 중요한 과제이다.

큰두루미꽃

20

학명	Maianthemum dilatatum (A.W.Wood) A.Nelson & J.F.Macbr.
분류	백합과
분포지역	울릉도, 독도
특징	우리나라의 특산식물로서 두루미꽃과 비슷하지만 전체가 크고 뒷면에 털이 없으며 잎가장자리에 희미한 톱니가 있는 것이 다르다. 속명 Majanthemum은 majos(5월)와 anthemon(꽃)의 합성어로 화기(花期)의 특색에서 유래되었으며, 울릉도 특산식물이다.

큰두루미꽃[Maianthemum dilatatum (Wood) A. Nelson & J.F.Macbr.]은 두루미꽃(M. bifolium)과 비슷하지만 전체가 크고 뒷면에 털이 없으며, 잎의 가장자리에 물결모양의 무늬가 있다. 학명 메이앤쎄멈(Maianthemum)은 '말로스(malos, 5월)'와 '앤쎄먼(anthemon, 꽃)'의 합성어로 화기의 특색에서 유래했다. 종자를 채취하여 심거나, 이른 봄 또는 가을(10월~1월)에 뿌리줄기를 잘라서 심는다.

우리나라의 울릉도와 북부 고산지대 침엽수림 혹은 활엽수림 숲 속에서 홀로 또는 무리지어 자라는 백합과의 여러해살이 야생화이다. 큰두루미꽃은 반 뼘을 겨우 넘는 키 작은 풀이지만 그 우아한 자태는 훤칠한 두루미(鶴)를 닮았다. 이름은 두루미꽃에 비해 크다는 뜻에서 유래되었다. 꽃이 두루미 머리와 목을, 잎과 잎

맥 모양이 두루미가 날개를 넓게 펼친 것을 닮아 두루미꽃이라 불리며, 특정 고산지대에서만 자라는 희귀식물이다.

예로부터 두루미는 깨끗하고 기품 있는 모습과 유유정숙한 행동으로 새 중의 새로 여겨졌다. 옛 선비들은 두루미의 희고 검은 깃털을 닮은 '학창의(衣)'를 입고 두루미처럼 보이려 했다. 이 꽃이 사는 곳에는 절세가인을 닮은 기생꽃도 있어, 천하명산의 두 꽃을 보면 한 시대를 풍미했던 시인묵객과 명기들이 떠오른다.

'무학초(舞鶴草)'라고도 불리는 이 꽃은 춤추는 학처럼 생겼다 하여 이름 지어졌다. 특히 울릉도에 자생하는 큰두루미꽃은 육지의 것보다 크고 윤택이 많다. 독도에 자생하는 큰두루미꽃은 산림청 지정 217종의 멸종위기 식물 중 하나로, 시기를 맞춰야만 관찰할 수 있는 귀한 식물이다. 어린잎은 나물로 먹거나 묵나물로 사용하며, 한방에서는 뿌리를 제외한 식물체 전체를 약재로 사용한다. 소변 출혈, 지혈에 효과가 있고, 외상 출혈에 짓찧어 붙이면 효능이 있다고 알려져 있다.

독도 서도의 물골 주변에 몇 개체가 자생하고 있어 그 귀중함이 크다. 이 아름다운 야생화의 존재로 독도의 소중함이 더욱 부각된다. 전 세계적으로 희귀한 이 야생화가 독도에 있다는 것만으로도 우리는 독도를 소중히 가꾸고 지켜야 한다. 5월의 신부처럼 눈부시게 아름다운 큰두루미꽃은 독도의 보석 같은 존재이다.

참소리쟁이

21

학명	Rumex japonicus Houtt.
분류	마디풀과
분포지역	울릉도, 독도
특징	전체적으로 털이 없거나 줄기에 털 같은 돌기가 있다. 줄기는 곧게 서고 세로로 홈이 있다. 열매의 내꽃덮이 가장자리에 얕은 톱니가 있다.

독도의 소리꾼으로 알려진 참소리쟁이(Rumex japonicus Houtt.)는 마디풀과에 속하는 여러해살이풀이다. 서식지는 한국을 비롯해 일본, 중국, 러시아, 유럽, 북아프리카 등에 널리 분포한다. 꽃은 암수 구별이 없으며, 소리쟁이와 비슷하지만 열매 가장자리의 얕고 불규칙한 톱니로 구별된다.

학명의 루멕스(Rumex)는 잎 모양이 이탈리아의 고대 무기인 '창(lance)'과 유사한 데서 유래했다. 한글명 '소리쟁이'는 19세기 초

《물명고》의 '솔오이', '솔오쟝'에서 변화한 것으로 추정된다. 또한 가을바람에 열매가 내는 소리에서 이름이 유래했다는 설도 있다.

독도의 귀화식물인 참소리쟁이는 유라시아가 원산지로, 독도에서는 동도에서만 관찰된다. '참'은 '진짜'를 의미하며, 이는 변비에 특효가 있어 '참 잘 듣는 약'이라는 뜻으로 붙여진 것으로 보인다. 최근 연구에 따르면 소리쟁이류는 두피염 예방에도 효과가 있다고 한다. 그러나 참소리쟁이는 환경부가 지정한 독도 외래식물로, 생태계에 위협이 될 수 있다. 빠른 적응력과 강한 생명력으로 서식지를 빠르게 확장할 수 있어 지속적인 모니터링이 필요하다.

현재는 독도경비대 주변에 주로 분포하지만, 그 범위가 넓어질 경우 자생종의 다양성을 위협할 수 있다. 독도 식물의 다양성은 생태계의 균형과 식물의 생존력 증진에 중요하다. 종 다양성의 감소는 생태계 전반에 문제를 일으킬 수 있으므로, 참소리쟁이로 인한 피해가 커질 경우 신속한 대책 마련이 필요하다. 독도의 생물주권을 유지하기 위해서는 외래종의 인위적인 개입보다는 자생종의 유지와 증가에 초점을 맞추어야 한다. 이를 통해 독도 고유의 식물 생태계를 보존하고 발전시켜 나가야 할 것이다.

큰이삭풀

22

학명	Bromus catharticus Vahl
분류	벼과
분포지역	울릉도, 독도
특징	남아메리카 원산의 귀화식물로서 다년초이며, 목초용으로 도입하여 밭에서 재배하던 것이 빠져나가 양지바른 길가, 황무지 등에서 자라는 한해살이 또는 두해살이풀이다. 성긴이삭풀(B. carinatus)에 비해 내영은 호영 길이의 1/2 내외이며, 소수의 소축이 보이지 않는다.

큰이삭풀(Bromus catharticus Vahl)은 벼과 참새귀리속으로, 남아메리카가 원산지이다. 우리나라에는 목초용으로 재배하던 것이 제주도와 남부지방에 널리 퍼졌다. 이는 많은 외래종들의 전형적인 유입 패턴을 보여준다. 예를 들어 1970년대에 도입된 미국자리공도 처음에는 관상용이었으나, 현재는 전국에서 발견되는 생태계 교란 식물이 되었다.

큰이삭풀의 학명 브로무스(Bromus)는 그리스어 'Brom(식품)'에서 유래했다. 여러해살이풀이며, 폐쇄화(꽃이 피지 않고 열매를 맺는 꽃)를 갖는다. 현재 환경부 지정 생태계 교란 식물로, 우리나라 생태계에 심각한 영향을 미치고 있다.

한 연구에 따르면, 큰이삭풀이 자생하는 지역의 토종 식물 다양성이 20% 이상 감소했다고 한다. 독도를 비롯한 여러 지역에서 외래식물의 유입으로 생태계 교란이 일어나고 있어 체계적 관리가 필요하다.

외래식물 관리는 무조건적인 제거보다는 생태적 특성과 환경 조건을 고려해야 한다. 서식지의 생태적 특성에 대한 기초조사를 바탕으로 국내 자생종의 적절한 식재와 복원계획이 외래종 침입을 효과적으로 막을 수 있다. 울릉도에서는 최근 '생태계 지킴이' 프로그램을 통해 주민들에게 외래종의 위험성을 교육하고 제거 활동에 참여시켜 큰 성과를 거두고 있다.

큰이삭풀은 벼과식물로, 벼과에는 전 세계적으로 약 12,000종

이 있다. 벼, 보리, 억새, 갈대 등이 모두 이에 속한다. 벼과식물과 형태학적으로 유사한 사초과 식물은 일반인들이 구분하기 어려워, 한 농업 교육 프로그램에서 참가자들의 정답률이 30%에 그쳤다. 이 두 종을 구별하는 간단한 방법은 줄기 단면을 보는 것이다. 벼과식물은 대부분 일년생이고 줄기 단면이 둥근 반면, 사초과식물은 여러해살이풀이고 줄기 단면이 세모꼴이다. 이 방법은 현장에서 매우 유용하게 쓰인다.

벼과식물은 우리나라 어디서나 흔히 볼 수 있으며, 꽃은 화려하지 않지만 매우 중요한 식물이다. 식물의 진화 과정을 보면, 조류식물에서 시작해 양치식물, 겉씨식물, 속씨식물로 발전해 왔다. 이 과정에서 벼목 식물이 발생했는데, 여기에는 벼과, 사초과, 파인애플과, 곡정초과 등이 포함된다. 벼과식물의 다양성은 생태계 균형에 중요한 역할을 한다.

큰이삭풀은 사람이 직접 먹기에는 적합하지 않지만, 목초로서 가축에게 중요한 자원이다. 호주의 한 목장에서는 큰이삭풀을 주요 사료작물로 재배해 소의 우유 생산량을 15% 증가시켰다. 독도에서도 큰이삭풀의 개체수가 증가 추세여서 지속적인 모니터링이 필요하다. 매년 봄 생태계 전문가들이 독도를 방문해 큰이삭풀을 포함한 외래종의 분포와 개체수를 조사한다.

모든 식물이 그렇듯 큰이삭풀도 아직 밝혀지지 않은 유익한 특성이 있을 수 있어, 독도의 생태계 일원으로서 더욱 면밀한 관찰과 연구가 필요하다. 최근 한 연구팀이 큰이삭풀의 잎에서 항염증 효과가 있는 새로운 화합물을 발견한 것은 이 식물의 잠재적 가치를 보여주는 좋은 예이다.

참억새

23

학명	Miscanthus sinensis Andersson
분류	벼과
분포지역	한반도, 울릉도, 독도
특징	울릉도 독도는 물론 전국적으로 분포하며, 산이나 평지의 풀밭에서 자란다. 독도의 동도에 독도경비대와 등대 주변으로 참억새군락이 있다.

참억새(Miscanthus sinensis Andersson)는 우리나라 전국의 산야에서 흔히 볼 수 있는 여러해살이풀로, 높이가 1~2m에 이르는 큰 키의 식물이다. 이 풀은 가을이 되면 은빛 물결을 이루어 장관을 연출하는데, 그 모습이 너무나 아름다워 많은 이들의 발길을 산으로 이끈다. 사람들은 흔히 갈대와 억새를 잘 구분하지 못하는데, 이는 두 식물이 외형적으로 비슷해 보이기 때문이다. 하지만 자세히 살펴보면 큰 차이가 있다. 갈대는 바람에 흔들리는 모습을, 억새는 슬피 우는 새의 모습을 연상시켜 친근하고 정감 있는 풍경을 만든다. 이런 이미지 때문에 두 식물은 오랫동안 우리 문화와 문학에서 중요한 소재로 사용되어 왔다.

'여자의 마음은 갈대'라는 속담이 있지만, 이는 갈대의 진정한 특성을 잘 모르고 만들어 낸 표현이다. 갈대는 실제로 홍수에도 뿌리가 뽑히지 않을 만큼 강인하다. 이 식물은 깊고 단단한 뿌리 시스템을 가지고 있어, 거센 물살에도 쉽게 쓰러지지 않는다. 멀리서 보면 갈대 군락이 마치 여인들이 머리를 감는 모습처럼 보이기도 하는데, 이는 갈대의 부드러운 움직임과 긴 잎사귀가 만들어 내는 독특한 모습 때문이다.

대개 억새라고 부르는 참억새는 우리 조상들의 생활에서 중요한 역할을 했다. 주로 땔감으로 쓰여 추운 겨울을 나는 데 도움을 주었으며, 너와집의 이엉과 투막집의 지붕을 엮는 데도 사용되어 비바람을 막아주는 역할을 했다. '억새'라는 이름은 '잎이 날카롭고 억센 풀'이라는 뜻에서 유래하는데, 이는 억새의 특성을 잘 나타내는 명칭이다.

노랫말로 자주 회자되는 '아아 으악새 슬피 우니 가을인가요'이라는 구절 때문에 우리는 '으악새'를 늦가을에 구슬피 우는 '새[鳥]' 정도로 오해했지만, 실은 이 '으악새'는 억새의 경기도, 함경도 지방의 사투리이다. 문경 고갯마루에 새(억새)가 많아 그 지역에서는 '새재[茅嶺]'라고 불렀다고 한다. 하지만 조정의 기록관이 '나는 새도 넘기 힘든'는 고개로 착각하여 '조령(鳥嶺)'이라는 한자어로 표기했다는 일화는 의외로 알려져 있지 않다. 또한 가을 산행시 사람들이 억새꽃이 피었다고 하지만, 사실 그것은 하얀 털이 달린 열매이다. 이 착각은 억새의 열매가 꽃처럼 아름답고 풍성하게 피어나기 때문에 생긴다. 실제로 억새의 꽃은 매우 작고 눈에 잘 띄지 않는다.

참억새 외에도 얼룩억새, 가는잎새, 금억새, 물억새 등 여러 종류가 있는데, 각각 특징적인 모습과 서식 환경을 가지고 있다. 갈대와 억새는 비슷해 보이지만 서식 환경과 형태가 다르다. 참억새는 주로 산에서 자라며 건조한 환경을 선호하는 반면, 갈대는 물가나 습지에서 자라고 물이 많은 환경을 좋아한다. 이러한 차이는 두 식물의 생존 전략과 진화 과정을 반영한다. 참억새 꽃은 하얀 작은 이삭이 촘촘히 달리고, 갈대는 보라색을 띤 갈색 꽃을 피운다. 때문에 먼발치서 바라보아 하얗게 햇살에 비춰지면 억새이고, 거무스레하게 보이면 갈대이다.

  가을을 대표하는 식물인 참억새와 갈대는 많은 사람들의 사랑을 받는다. 이 식물들이 만들어 내는 풍경은 가을의 정취를 완성하는 중요한 요소로, 많은 시인과 화가들에게 영감을 주었다. 억새는 바람에 의해 수정하므로 화려한 꽃은 없지만, 종자를 멀리 퍼뜨리기 위해 긴 털을 가지고 있다. 이는 자연의 지혜를 보여 주는 좋은 예로, 식물이 어떻게 환경에 적응하고 생존하는지를 잘 보여 준다. 특히 10월 중순 독도경비대와 독도등대 주변의 참억새 군락은 장관을 이룬다. 독도의 차가운 비바람을 견디며 의연하게 서 있는 참억새는 자랑스럽기까지 하다. 이 억새들은 독도의 척박한 환경에서도 강인하게 살아남아, 마치 우리나라의 영토 수호 의지를 상징하는 듯하다.

갯까치수영

24

학명	Lysimachia mauritiana Lam.
분류	앵초과
분포지역	울릉도, 독도
특징	제주도, 울릉도를 비롯하여 남해안 지역에서 자라는 다육성 2년생 초본으로 동도·서도의 통로와 완만한 사면을따라 자란다.

갯까치수영(Lysimachia manritiana Lam.)은 주로 바닷가에서 서식하는 두해살이풀이다. 첫해에는 땅 위에 줄기와 잎을 만들고, 다음 해에 꽃이 피고 열매를 맺으며 생을 마감한다. 식물은 크게 한해살이풀(1년생), 두해살이풀(2년생), 그리고 여러해살이풀(다년초)로 나뉘며, 한해살이풀과 두해살이풀은 대부분 초본이다. 여러해살이풀은 나무와 풀로 구분되는데, 나무는 대부분 다년생이고, 다년생 풀로는 광대나물, 쥐손이풀, 수련, 국화, 할미꽃 등이 있다.

갯까치수영은 바닷가 환경에 적응하여 잎이 두껍게 발달했으며, 왁스와 큐틴질로 덮여 있어 햇빛으로부터 자신을 보호한다. 주로 볕이 좋은 바위틈이나 마른 토지에서 자라며, 잎은 주걱 모

양으로 뒤로 약간 말린다. 독도의 동도와 서도를 포함해 국내외 여러 지역에 분포하며, 특히 남부 지역의 바닷가 바위틈이나 비옥한 토양에서 주로 볼 수 있다.

땅채송화, 큰개미자리 등과 함께 자라는 이 식물은 여름에 독도의 햇빛 잘 드는 곳에서 무리지어 하얀 꽃을 피운다. 잎이 두꺼워 겨울에도 지상부가 남아 있으며, 잎 색깔만 붉게 변한다. 여름에는 연분홍색 꽃이 피고 가을에 둥근 열매를 맺는다. '갯'이란 접두사는 바닷가에서 자라기 때문에 붙여졌다.

육지에서 자라는 까치수영과는 사촌 관계이며, 둘 다 앵초과에 속한다. 갯까치수영의 다른 이름으로는 '까치수염', '해변진주초', '갯좁쌀풀'이 있다. 작은 백합들이 모여 있는 듯한 모습이며, 가을에 맺는 갈색 열매가 해변의 진주를 닮아 '해변진주초'라고도 불린다.

'까치수영'과 '까치수염' 중 어느 이름을 정명으로 사용할지에 대해 의견이 분분하다. '까치수영'은 '가짜'를 뜻하는 '까치'와 '잘 여문 이삭'을 뜻하는 '수영(秀穎)'의 조합으로, 꽃의 모습이 벼나 수수의 이삭과 비슷하다는 데서 유래했다. '까치수염'은 꽃이삭이 까치 날개의 흰색 무늬를 닮았다는 주장에서 비롯되었다.

까치수영의 학명 리시매이키아 배리스태키스 붕게(Lysimachia barystachys Bunge)는 역사적 일화와 식물의 특징을 반영하는데, 리시매이키아(Lysimachia)는 마케도니아의 왕 리시매키온(Lysimachion)에서, '배리스태키스(barystachys)'는 '무거운 이삭을 가진 이'라는 뜻의 라틴어에서 유래했다. 이 식물의 꽃말은 '잠든 별'과 '동심'이다. 꽃의 모습이 별들이 모여 있는 것 같아 보이며, 소박하면서도 아름다운 모습으로 사람과 곤충들의 관심을 받는다. 독도의 절벽에서 바다를 향해 피어난 까치수영의 꽃들은 마치 독도가 우리 땅임을 외치고 있는 듯하다.

까마중

학명	Solanum nigrum L.
분류	가지과
분포지역	울릉도, 독도
특징	전국 각처에서 분포하는 1년초로서 섬 전체에 고루 분포한다.

 까마중(Solanum nigrum L.)은 가지과에 속하는 한해살이풀이다. 잎과 꽃이 가지와 매우 흡사하며, 털이 거의 없고 잎 가장자리가 물결모양이다. 열매는 부드럽고 수분이 많아 먹으면 입안에서 톡 터지는데, 둥글고 검은색이며 단맛이 있다. 다만 약간의 독성이 있으며, 종자는 찌그러진 타원형으로 납작하다. 학명 서레이넘(Solanum)은 가지속 식물 중 진통 작용을 하는 종이 있어 '안정'을 뜻하는 소레이먼(solamen)에서 유래했다. 나이그럼(Nigrum)은 라틴어로 '검은색'을 의미하며, 국명 '까마중'은 검은 열매와 스님의 머리를 연상시키는 모양에서 비롯되었다. 세계적으로 까마중은 주로 귀찮은 잡초로 여겨진다.

가지속 식물들은 대체로 알칼로이드 성분의 약한 독을 포함한다. 덜 익은 열매는 독성이 강해 많이 먹으면 설사를 유발할 수 있지만, 완전히 익은 검은 열매는 사람이나 동물이 먹어도 안전하다. 서양에서는 이를 말려 차나 잼으로 활용한다. 어린 시절 들판의 식물을 먹는 경험은 흔했다. 아카시아 꽃, 산딸기, 뽕나무 오디 등은 맛있는 추억으로 남아 있다. 까마중은 상대적으로 흔치 않았는데, 아마도 먹을 것이 귀했던 시절 아이들이 자주 따먹어서 그랬는지 모른다. 까마중의 익은 열매를 먹으면 입술 주변이 연탄가루처럼 검게 변해 서로 웃곤 했다. 최근에는 도심에서도 쉽게 볼 수 있게 되었지만, 맛이 예전과 다르게 느껴진다.

현재 까마중은 단순한 잡초가 아닌 건강식품으로 주목받고 있다. 제주도에서는 항암 치료에 사용되며, 혈액순환 개선, 면역력 증강, 고혈압 예방 등에도 효과가 있다고 알려져 있다. 특히 열매에 풍부한 안토시아닌 성분은 눈 건강에 좋으며, 복분자의 40배에 달하는 양을 함유하고 있어 건강식품으로 판매되기도 한다. 까마중은 일년생 식물이지만 독도에서 매년 관찰된다.

독도의 환경에 잘 적응하여 종자의 발아율이 높은 것으로 보인다. 흥미롭게도 독도에서는 동도에서만 관찰되고 서도에서는 발견되지 않는다. 독도의 식물 연구에서는 이동과 확산 경로를 파악하는 것이 중요하다. 식물의 독도 이주 방식은 '디딤돌 방식'과 '먼 거리 산포 방식'으로 나뉜다. 디딤돌 방식은 육지에서 여러 섬을 거쳐 이동하는 것이고, 먼 거리 산포 방식은 육지에서 직접 독도로 이동하는 것을 말한다. 현재까지의 결과로 식물에 따라 다양한 방식으로 독도에 정착했음을 알 수 있다.

갯제비쑥

26

학명	Artemisia japonica subsp. littoricola Kitam.
분류	국화과
분포지역	울릉도, 독도
특징	바닷가의 건조한 지역에서 자라는 다년생 초본으로 동도와 서도에 넓게 분포하고 있다.

갯제비쑥(Artemisia japonica subsp. littoricala Kitam.)의 잎은 구절초와 비슷한 모양으로 갈래의 폭이 넓은 편이나, 줄기 끝으로 갈수록 가는잎구절초처럼 좁아진다. 꽃은 8~9월에 담황갈색으로 피며, '제비쑥' 또는 '섬쑥'이라고도 불린다. 독도의 동도와 서도에 널리 분포하며, 주로 바닷가 건조한 곳에서 자란다.

학명 아르테미지아(Artemisia)는 그리스 신화의 아르테미스(Artemis)에서 유래했으며, 부인병에 효과가 있는 쑥속 식물을 지칭한다. 자포니카(japonica)는 일본을, 리터리코라(littoricola)는 '해안에 사는'이라는 뜻으로 갯제비쑥의 특성을 나타낸다. 잎 모양이 제비꼬리를 닮아 '제비쑥'이라 불리며, 해안이나 갯벌 등에서 자라는 식물에 붙이는 '갯-' 접두어를 더해 '갯제비쑥'이라고 한다.

쑥은 주로 약재와 쑥떡의 재료로 유명하다. 잎과 줄기를 여름에서 가을 사이에 채취해 말리거나 생풀로 사용한다. 갯제비쑥의 정확한 성분은 밝혀지지 않았으나, 일반 쑥과 유사할 것으로 추정된다. 열을 내리고 간 기능을 돕는다고 알려져 있으며, 특히 외상출혈에 효과적이다. 습진 치료에도 쓰이고, 어린순은 나물이나 쑥떡의 재료로 활용된다. 쓴맛이 있어 조리 시 충분히 우려내야 한다. 쑥은 강한 생명력으로 유명하다.

원자폭탄 투하 후 일본에서 가장 먼저 자란 식물로, 독을 제거하는 리듐 성분을 함유하고 있다. 이 성분은 꽃봉오리가 맺힐 때 가장 많지만, 이때는 질겨서 식용으로 부적합하다. 주로 초봄에

어린 잎을 채취해 먹는다. 쑥떡이나 쑥국으로 먹으면 몸을 해독하고 입맛을 돋우는 데 좋다. 국내에는 '맑은대쑥', '개사철쑥', '구름떡쑥' 등 다양한 쑥 종류가 자생한다. 갯제비쑥은 성장 과정에서 잎의 형태가 크게 변하는 특징이 있다. 어릴 때는 잎 뒷면에 흰 털이 있지만, 자라면서 사라진다. 갯제비쑥은 '초종용'이라는 기생식물의 숙주 역할도 한다. 독도의 거친 환경에서 굳건히 자라며, 다른 식물들에게도 영양을 제공하는 관대한 특성을 지닌 식물이다.

닭의장풀

27

학명	Commelina communis L.
분류	닭의장풀과
분포지역	울릉도, 독도
특징	전국 각지에서 흔히 분포하는 1년초로서 동, 서도의 비교적 토심이 깊은 지역에 서식하고 있다.

　식물의 이름에는 꿩의바람꽃, 노루오줌, 쥐깨풀, 괭이밥 등과 같이 동물 이름이 붙는 경우가 많다. 닭의장풀(Commelina communis L.)은 식물 이름에 동물 이름이 붙은 식물 중의 하나이다. 교과서에 나오는 '자주닭개비'와 같은 과이지만, 자주닭개비는 북아메리카 원산 관상용 식물인 반면 닭의장풀은 우리나라 자생종이다.

　한해살이풀인 닭의장풀은 꽃잎 모양이 닭 벼슬을 닮았고 닭장 주변에서 잘 자라 이런 이름이 붙었다. 닭의 배설물이 산성이라 산성 토양에서 잘 자란다는 속설도 있다. 한자로는 '계장초'라 하며, 잎과 마디가 대나무를 닮아 '죽절채'라고도 부른다. 영어로는 'Day flower'라 하는데, 이는 꽃이 반나절 만에 시들기 때문이다. 그러나 짧은 개화 기간에도 불구하고 자가수정을 통해 번식한다.

닭의장풀의 생식기관은 꽃잎 6장, 수술 6개, 암술 1개로 구성되며, 수술 중 3개는 불임성 헛수술이고 나머지 3개는 가임성이다. 이 식물은 환경에 따라 타가수정과 자가수정을 모두 할 수 있는 독특한 전략을 가지고 있다. 학명 코머리나(Commelina)는 17세기 네덜란드 식물학자 형제를 기리는 이름이며, 코무니스(communis)는 '흔한'이란 뜻으로, 실제로 어디서나 쉽게 볼 수 있다. 닭의장풀은 식용과 약용으로도 쓰인다. 봄여름에는 나물로, 여름에는 차로 즐기며, 한방에서는 종기 치료에 사용된다. 이 식물의 꽃은 파란색, 보라색, 흰색 등 다양한 색상을 띠며, 토양 산성도에 따라 색이 달라진다. 꽃색은 곤충을 유인하는 중요한 요소로, 특히 보라색은 곤충들이 선호하는 색깔이다. 그러나 일부 식물은 색 대신 냄새로 매개자를 유인하기도 한다.

박주가리

28

학명	Metaplexis japonica (Thunb.) Makino
분류	박주가리과
분포지역	울릉도, 독도
특징	전국 각처에서 야생하는 덩굴성 다년초로서 동도 중턱의 완경사지에 분포한다.

박주가리[Metaplessis japonica (Thunb.) Makino]는 볕이 잘 드는 산기슭이나 길가에서 자라는 덩굴성 여러해살이풀이다. 보라색 꽃이 무척 아름답고, 줄기를 자르면 흰색의 유액이 나온다. 영어 이름 '밀크위드(Milkweed)'처럼 이 흰 액에는 독성이 있어 일부 곤충들의 방어물질로 이용된다. 노린재, 진딧물, 왕나비 애벌레 등이 박주가리에서 살며 잎을 먹고 자란다. 이들은 박주가리의 독성을 체내에 축적해 천적으로부터 자신을 보호한다. 이 유액을 먹은 곤충을 포식자가 먹으면 심한 구토를 해 다시는 그 곤충을 먹지 않게 된다.

박주가리의 수정은 철저히 곤충에 의존한다. 보라색 꽃을 피우는 대부분의 식물처럼 주로 벌이 매개한다. 벌은 보라색과 자외선에 민감하다. 박주가리 꽃은 두 종류로 나뉘는데, 하나는 꽃잎이 열린 개방화이고 다른 하나는 꽃잎이 닫힌 폐쇄화다. 폐쇄화는 수술만 있는 불임의 꽃이며, 개방화는 수술과 암술이 모두 있는 양성화로 곤충을 유인해 수정한다.

박주가리라는 이름은 열매의 모습에서 유래했다. 열매가 익어 갈라지면 작은 박 모양을 하고 있어 '박쪼가리'에서 '박주가리'로 변했다고 한다. 학명 메타플렉시스(Metaplesxis)는 '변화한 모양'을 뜻하는 '메타(meta)'와 '묶다', '꼬다'를 의미하는 '플렉서스(flexus)'의 합성어다. 이는 열매에서 종자가 나올 때 열매가 비틀어지며 털 달린 종자가 밖으로 나오는 모습이 변화하는 특성을 표현한

것으로 보인다.

박주가리 열매는 식용으로 쓰이며 맛이 어린 고구마와 비슷하다. 씨앗은 말려 차로 마시거나 해독과 지열 치료에 효과가 있다고 알려져 있다. 우리 조상들은 열매 속 털을 이용해 겨울옷을 만들었는데, 이는 삼베나 명주가 보편화되기 전 중요한 보온재 역할을 했다.

독도에 자생하는 박주가리는 햇빛이 많은 동도 남사면에서 소수 개체가 발견된다. 종자의 발아율이 좋아 개체 수가 점차 늘어나는 추세다. 독도 정착은 아마도 털 달린 종자가 육지나 울릉도에서 날아와 이루어졌을 것으로 추정된다. 이 털은 길이가 길고 풍성해 멀리 날아 대륙을 횡단할 수 있을 정도로 뛰어난 비행 능력을 가졌다고 여겨진다.

선괭이밥

학명	Oxalis stricta L.
분류	괭이밥과
분포지역	울릉도, 독도
특징	괭이밥과 유사하나 괭이밥이 땅위줄기로 땅을 기고 여러 개로 갈라지고 탁엽 형태가 뚜렷한 반면, 선괭이밥의 줄기는 곧추서며 갈라지지 않고, 턱잎이 퇴화되어 뚜렷하지 않은 특징으로 구분할 수 있다.

독도에 자생하는 선괭이밥(Oxalis stricta L.)은 '왕괭이밥'이라고도 불리는 여러해살이풀이다. 주로 산지의 자갈밭에서 자라며, 포기 전체에 털이 나고 줄기는 곧게 선다. 7~8월에 노란빛을 띤 흰색의 작은 꽃이 피고, 원기둥 모양의 삭과에 1.5~2mm 길이의 종자가 들어있다. 어린 순은 식용 가능하며 신맛이 있다. 한국, 일본, 중국, 시베리아 등지에 분포한다.

선괭이밥은 괭이밥과 달리 뿌리가 가늘고 줄기가 곧게 서며, 턱잎이 뚜렷하지 않은 점이 특징이다. '선'이 들어가는 식물 이름은 대개 줄기가 곧게 위로 선 모습을 나타낸다. 학명인 옥살리스(Oxalis)에서 알 수 있듯이, 잎과 줄기에는 옥살산이 포함되어 있어 신맛을 낸다. 이와 관련된 흥미로운 일화가 있다. 한 식물학자가 독도 탐사 중 선괭이밥을 발견하고 직접 맛을 보았는데, 예상외로 강한 신맛에 놀랐다고 한다. 이 경험은 선괭이밥의 특성을 생생하게 기록하는 데 도움이 되었고, 후대 연구자들에게 귀중한 자료가 되었다. 괭이밥의 옥살산은 녹슨 동전이나 오래된 장식을 문지르면 광택이 나게 하는 특성이 있다.

'괭이밥'이라는 이름의 유래에 대해서는, '괭이'는 예전 고양이를 지칭하는 말로 쓰였었다. 고양이가 실제 먹는지는 알 수 없으나 고양이의 밥이라는 의미에서 괭이밥이라는 명칭이 붙은 것 같다. 식물의 이름은 대개 그 외견상의 특징이나 모양, 소리, 지명 등을 반영하여 지어진다. 예를 들어 금낭화, 강아지풀, 자작나무,

금강초롱 등이 있다. 특히 재미있는 예로 '할미꽃'이라는 이름이 있는데, 이는 꽃잎이 주름진 할머니의 얼굴을 닮았다 하여 붙여진 이름으로, 나중에 공식 명칭으로 채택되었다. 식물의 학명은 스웨덴의 식물학자 칼 폰 린네가 제안한 이명법을 따른다.

이는 속명(genus name)과 종소명으로 구성되며, 전 세계적으로 통용되는 체계다. 예를 들어 나팔꽃의 학명은 아이포미아 닐 엘로트[Ipomoea nil (L.) Roth]인데, 아이포미아(Ipomoea)가 속명이고 닐(nil)이 종소명이다. 이처럼 식물의 이름은 우리 주변의 일상적인 관찰과 상상력, 그리고 과학적 체계가 어우러져 탄생한다. 이는 자연과 인간의 관계를 보여주는 흥미로운 예라고 할 수 있다.

술패랭이꽃

30

학명	Dianthus longicalyx Miq.
분류	석죽과
분포지역	울릉도, 독도
특징	전국 각지에 야생하는 다년초이며, 동도와 서도의 비교적 토심이 깊고 식물군락이 잘 발달한 지역에 다른 식물과 혼생하고 있다.

술패랭이꽃(Dianthus longicalby Miq.)은 우리나라 전역에서 자생하며, 일본, 대만, 중국에도 분포한다. 패랭이꽃은 줄기에 대나무처럼 마디가 있어 석죽과로 분류되는데, 술패랭이꽃은 꽃잎 끝부분이 갈라지는 특징이 있다. 국명인 패랭이꽃은 조상들이 쓰던 이모자를 닮아 붙여졌다. 길가 풀밭, 냇가 모래땅, 묘지 근처에서 흔히 볼 수 있으며, 꽃을 뒤집으면 역졸이나 보부상들이 쓰던 패랭이와 비슷하다.

한자로는 '석죽'이라 하며, 술패랭이꽃은 꽃잎이 술처럼 갈라진 모양에서 유래했다. 학명 다이앤서스(Dianthus)는 그리스어로 '신의 꽃'이란 뜻이다. '수퍼버스(Superbus)'는 '큰 알뿌리', '론지캐브사이너스(longicabycinus)는 '긴 꽃받침'을 의미한다. 술패랭이꽃은 잘 알려지지 않았지만, 패랭이꽃은 야생 카네이션과 비슷한 모습으로 널리 알려져 있다. 술패랭이꽃은 주로 낮은 언덕이나 산에서 자라지만, 높은 곳에서도 볼 수 있다. 흥미롭게도 고도가 높을수록 꽃색이 더 진하고 아름답다. 이는 곤충을 유인하기 위한 전략으로, 고도가 높을수록 곤충이 적어 더 선명한 색상과 향기로 그들을 끌어들인다.

독도의 술패랭이꽃은 동도 경비대 부근 바위 근처에서 잘 자란다. 꽃이 오래 피어 실내에서도 키울 수 있으며, 독도의 혹독한 환경을 견뎌내 더욱 화려하고 아름답다. 독도를 조사할 때면 유람선을 타고 오는 관광객들을 볼 수 있다. 동도 정상 부근의 술패랭이꽃이 바람에 흔들리며 마치 손짓하는 듯한 모습이 보인다. 멀리서 보는 이에게도 반가움을 주는 이 꽃은 강한 햇빛과 바람 속에서도 굴하지 않고 피어나 독도의 자연을 대표하는 듯하다.

   술패랭이꽃은 카네이션과 같은 식물군에 속한다. 카네이션이 어버이날 꽃으로 유명하지만, 우리의 토종 야생화인 술패랭이꽃을 이용해 보는 것은 어떨까? 더 나아가 독도 자생 술패랭이꽃을 대량 재배하여 많은 이들에게 사랑받는 독도의 상징 꽃으로 키워 나간다면 더없이 의미 있을 것이다.

왕호장근

31

학명	Fallopia sachalinensis (F.Schmidt) RonseDecr.
분류	마디풀과
분포지역	울릉도, 독도
특징	경북(울릉도)에 자생하는 다년생 초본으로 서도 북서쪽 물골 방면의 사면에 대군락을 형성하고 있다.

왕호장근(Fallopia sachalinensis)은 마디풀과 식물로, 우리나라에서는 울릉도에서만 자생하며 세계적으로도 일본과 사할린에 주로 분포하는 희귀식물이다. 울릉도의 계곡이나 길가에서 주로 자라며, '호장근'과 비슷하나 더 크고 잎 밑부분이 심장형이며 뒷면에 흰빛이 도는 것이 특징이다. 6~8월에 흰색 꽃을 피우는 덩굴성 식물이다.

독도 서도의 물골사면에 자생하는 왕호장근은 과거 울릉도 어민들의 비상식량으로 사용되기도 했었다. 주로 어린 순을 나물로 데쳐 먹었으며, 한방에서는 뿌리줄기(호장)와 잎(호장엽)을 다양한 치료에 활용했다. '호장근'이라는 이름은 어린 줄기의 붉은 호랑이무늬에서 유래했다. 1978년 푸른 독도 가꾸기의 일환으로 서도에 심어진 왕호장근은 강한 번식력으로 북쪽 사면에 널리 퍼졌다. 목질화된 줄기로 나무처럼 보이지만 사실은 풀이다. 독도의 얕은 토양으로 인해 뿌리가 노출되는 경우가 많아, 폭우나 산사태 시 토양 유실의 위험이 있다. 독도 생태환경에 맞는 식물 선택이 중요하다.

왕호장근은 이미 독도에 적응했지만, 그 번식력으로 인해 다른 초본식물의 생존을 위협할 수 있다. 일부에서는 외래식물이라며 제거를 주장하지만, 이미 널리 퍼진 상태에서 제거하기란 쉽지 않으며 오히려 토양 유실 등의 문제를 야기할 수 있다. 독도의 식물상과 생태에 대한 깊은 이해가 필요하다. 독도를 진정으로 사랑한다면 식물의 생태, 종 다양성, 특성에 대해 더 깊이 고민해야 한다.

왕호장근의 사례는 계획된 생태관리의 중요성을 보여준다. 독도를 푸르게 가꾸는 것도 중요하지만, 어떤 종을 어떻게 식재하고 관리하느냐가 더욱 중요하다. 새로운 식물을 도입하는 것보다 현재 자생하는 식물을 유지, 관리하는 것이 더 중요할 것이다.

참나리

32

학명	Lilium lancifolium Thunb.
분류	백합과
분포지역	울릉도, 독도
특징	참나리는 꽃빛이 붉고 꽃잎이 뒤로 말렸다하여 '권단'이라고도 하는데 우리나라 산야에 흔히 자라고 있고 옛날부터 비늘줄기를 식용 또는 약용으로 이용했으므로 어느 가정에나 한 두 포기는 있을 정도로 친숙한 식물이다.

참나리(Liliuni tancifolium Thunb.)는 백합과의 여러해살이풀로, 산과 들에서 자라며 최근에는 관상용으로도 재배된다. 백합류의 우리 꽃말 이름인 '나리'는 영어로 릴리(Lily), 학술적으로는 릴리엄(Lilium)에 해당한다. 우리나라에는 다양한 야생 백합, 즉 나리꽃들이 자생하고 있다.

대부분의 나리류는 주황색 꽃송이를 갖지만, 분홍색 '솔나리'나 흰색의 '흰솔나리' 같은 개체도 발견된다. 이 중 가장 대표적인 것이 바로 '참나리'이다. 참나리는 백합을 닮은 꽃 모양과 꽃잎에 점점이 박힌 까만 점들이 특징이다. 산에 흔히 있어 '산나리', 꽃잎에 점이 있어 '호랑나리'라고도 불린다. 대부분의 나리류가 무릎 정도의 높이로 자라는 반면, 참나리는 성체가 되면 1m를 훨씬 넘는다. 특히 참나리꽃을 즐겨 찾는 호랑나비들의 군무는 장관을 이룬다. 참나리꽃은 아래를 향해 피어, 호랑나비가 수술이나 암술을 발판 삼아 꿀을 먹으며 자연스럽게 수정이 이루어진다.

참나리 꽃의 표범 무늬 점은 곤충을 유혹하는 꿀점 역할을 한다. 수술 끝의 꽃밥에서 나오는 꽃가루는 끈적거려 쉽게 떨어지지 않아, 곤충의 몸에 잘 묻어 효과적인 수정을 돕는다. 참나리의 번식 방법은 두 가지다. 첫째는 수술과 암술의 수정으로 종자를 만드는 2배체 방식이고, 둘째는 '주아(bulbillus)'를 이용한 3배체 방식이다. 주아는 검은 콩알 모양으로, 적절한 조건에서 새로운 참나리로 자란다. 이 때문에 주아를 참나리의 씨로 오해하는

경우도 있다.

'참' 자가 붙은 다른 식물들처럼 참나리도 식용이 가능하다. 알뿌리는 나물이나 밤과 함께 찌거나 구워 먹기도 하고, 녹말가루로 만들어 죽이나 국수를 만들며, 조림이나 국거리로도 사용된다. 약용으로도 쓰이는데, 알뿌리는 마음 안정과 종기 치료에 효과가 있고, 비늘줄기는 백혈구 감소증, 진정 작용, 항알레르기 효과가 있다고 한다.

최근에는 함유된 지방산 때문에 웰빙 식품으로 주목받고 있다. 참나리는 생육환경이 까다롭지 않아 산야에서 흔히 자라지만, 습하고 반음지인 곳에서 더 잘 자란다. 보수력과 배수가 좋고 유기질이 풍부한 땅이 이상적이다. 독도에서는 서도의 물골 쪽 사면에 소수의 개체가 자생한다. 독도의 참나리 주아를 온실에 심으면 잘 자라, 매년 7월이면 아름다운 꽃을 피워 온실의 분위기를 한층 돋운다.

큰방가지똥

학명	Sonchus asper (L.) Hill
분류	국화과
분포지역	울릉도, 독도
특징	높이 40~120cm이다. 어린 잎과 줄기는 나물로 먹고 포기 전체를 가축의 사료로 쓴다. 유럽 원산의 귀화식물로서 한국 전역에 분포한다.

독도의 동도에 주로 자생하는 큰방가지똥[Sonchus asper (U) Hill]은 학자에 따라 '방가지똥', '왕방가지똥' 등으로도 불린다. 이 식물은 우리나라를 비롯해 북아메리카, 열대아메리카, 남아메리카, 아시아 등지에 널리 분포하며, 특히 우리나라에서는 전국에 걸쳐 자라는 두해살이풀이다. 큰방가지똥은 국화과에 속하는 식물로, 학명인 손커스(Sonchus)는 그리스인들이 엉겅퀴류를 통칭했던 데서 유래했으며, 애스퍼(asper)는 '거칠다'는 뜻의 라틴어로 이 식물의 가시가 많은 특징을 나타낸다.

'방가지똥'이란 이름의 유래는 명확하지 않지만, 방아깨비와 관련이 있다는 속설이 있다. 방아깨비가 위험할 때 배설물을 내놓는 것처럼, 방가지똥류도 상처를 입으면 흰 유액을 분비한다. 이와 비슷하게 '애기똥풀'도 줄기나 잎을 자르면 노란 유액을 내놓는다. '똥'이라는 표현은 이러한 특성에서 비롯된 것으로 추정되며, 이는 위험 상황에서의 자기방어 기작으로 볼 수 있다. 식물은 인간에 비해 방어 능력이 떨어지지만, 자신을 보호하기 위한 다양한 기작을 발달시켰다.

인간이 백혈구로 면역작용을 하는 것과 달리, 식물은 다른 방식의 방어 체계를 가지고 있다. 첫째, 식물은 세포벽을 통해 해로운 물질의 침입을 막는다. 둘째, 모든 식물은 물질대사를 통해 독을 생성하여 외부 위협에 대응한다. 이러한 독성 물질은 한약재로도 활용된다. 큰방가지똥은 귀화식물로, 일반 방가지똥보다 더

 열악한 환경에서도 잘 자란다. 건조하고 무덥고 척박한 조건에서도 생존이 가능하여, 최근 우리나라 농촌에서는 방가지똥이 줄어들고 큰방가지똥이 더 흔해지고 있다. 이는 농촌 환경이 도시화되면서 나타나는 현상으로 볼 수 있다.

 19세기 이후 도시산업화와 함께 큰방가지똥의 개체 수가 크게 증가했다. 이 식물은 가축의 먹이로도 사용되며, 잎이 억세고 가시가 있음에도 불구하고 가축들이 선호한다. 한편으로는 나쁜 잡초로 분류되기도 한다. 큰방가지똥은 다양한 약용 가치를 지니고 있다. 뿌리, 줄기, 잎, 즙 등을 이용해 기침, 편도선염, 상처, 종기, 빈혈 등을 치료하며, 성병, 피부궤양, 식욕부진, 치통 등에도 사용된다. 또한 폐와 신장 질환에도 효과가 있다고 알려져 있어 기능성 소재로서의 가치가 높게 평가되고 있다. 최근 연구에서는 큰방가지똥의 생리활성을 이용한 항당뇨와 항고혈압 의약품 개발 가능성이 주목받고 있다.

큰방가지똥의 형태적 특징으로는 40~120cm의 줄기 높이, 굵고 속이 빈 원줄기, 남색을 띠는 녹색 줄기, 그리고 절단 시 나오는 백색 유액 등이 있다. 일반 방가지똥과 비교하면 전체적으로 크기가 크고, 줄기잎 밑부분이 둥근 귀 모양으로 줄기를 감싸며, 톱니 끝의 굵은 가시와 수과의 세로줄로 구분된다. 두 종 모두 온난하고 습한 환경을 선호하지만, 큰방가지똥이 더 척박한 환경에서도 잘 자란다.

독도에 큰방가지똥이 유입되어 고유식물인 방가지똥의 서식지가 줄어들 수 있다는 우려가 있다. 그러나 무조건적인 제거는 생태계 균형을 해칠 수 있으므로, 장기적인 모니터링을 통해 개체 수와 번식 속도를 면밀히 관찰할 필요가 있다.

갯강아지풀

34

학명	Setaria viridis (L.) P.Beauv. var. pachystachys (Franch. & Sav.) Masamura & Nemoto
분류	벼과
분포지역	울릉도, 독도
특징	강아지풀(S. viridis)에 비해 화서는 길이 1~4cm, 자모는 소수가 감추어질 정도로 밀집되었고 해안 모래땅이나 바위에 자란다.

갯강아지풀[Setaria virdis war. pachystuchys (Franch. & Sav.) Makino & Nemoto]은 한해살이 식물로, 주로 바닷가의 모래나 바위틈 같은 척박한 곳에서 자란다. 일부 섬에서도 볼 수 있는 이 식물은 '강아지풀'에 비해 꽃이삭의 길이가 짧고, 털이 더 길며, 키가 작다. 잎 가장자리에는 강한 털이 있으며, 꽃은 8~10월에 피어 '좀강아지풀'이라고도 불린다.

독도에서 9월 초부터 10월 초 사이에 방문하면 강아지풀과 닮은 식물을 볼 수 있다. 석양 무렵이나 특정 각도에서 갯강아지풀을 보면 꽃 부분이 마치 짚신벌레와 닮아 보인다. 이런 모습은 단세포 동물인 짚신벌레의 형태를 연상시키는데, 이를 염두에 두고 보면 더욱 이해가 쉬울 것이다. 일반적으로 강아지풀은 우리나라 남부와 일본에 자생한다고 알려져 있다. 그러나 이 식물이 독도에서도 자생하고 있다는 사실은 학술적으로 중요하며, 독도의 생물주권을 확립하는 데에도 도움이 된다.

이 식물이 어떻게 독도로 이주해 왔는지, 그 기원과 이동경로를 파악하는 것은 매우 의미 있는 연구 과제이다. 갯강아지풀의 이름은 그 특성을 잘 반영하고 있다. 이 식물은 일반 강아지풀보다 꽃이 달린 이삭 부분의 까끄라기가 더 길고 강하다. 이로 인해 손바닥 위에 올려놓고 흔들면 한쪽 방향으로 움직이는데, 마치 강아지가 이름을 부르면 따라오는 것과 같은 모습에서 착안된 이름이다.

갯강아지풀은 놀이감으로 사용되기도 하지만, 약용 식물로서도 가치가 있다. 시력감퇴, 타박상, 종기, 사마귀, 눈의 충혈 등을 치료하는 데 효과가 있다고 알려져 있으며, 그 열매는 새들의 중요한 먹이 자원이 되어 독도 생태계에서 중요한 역할을 한다. '갯'이라는 접두어가 붙은 식물 이름은 주로 바닷가에서 자라는 염생식물을 가리킨다. 이러한 식물들은 소금기가 있는 토양에서 잘 자라며, 분포가 제한적이고 종류도 적다. 갯괴불주머니, 갯메꽃 등이 그 예이다.

바닷가의 혹독한 환경에서 살아남기 위해 이들 식물은 내염성, 내건성, 내풍성 등 독특한 생리적 특성을 갖추고 있다. 바닷가 식물들은 대부분 표면에 왁스와 큐틴질이 발달해 있어 강한 햇빛과 염분으로부터 자신을 보호한다. 또한 뿌리는 주로 지하경 형태로 발달하여 수분을 효과적으로 흡수한다. 이러한 특수한 조직 발달은 바닷가 환경에 적응하기 위한 진화의 결과이다. 특히 독도에 자생하는 강아지풀은 바위틈에서 자라며 척박한 환경에 잘 적응하고 있다.

갯강아지풀은 갯벌, 해안사구, 기수지역, 간척지, 염전 주변 등 다양한 해안 환경에 분포한다. 서남해안, 동해안, 그리고 전국의 섬 지역 해안가에서 주로 발견된다. 염생식물은 경제적 잠재성과 생태학적 중요성을 지니고 있지만, 전 세계적인 해안 개발로 인해 그 서식지가 줄어들고 있다. 따라서 이들 식물에 대한 연구와 보존은 지구 환경 변화에 대응하는 중요한 과제 중 하나이다.

둥근잎나팔꽃

35

학명	Ipomoea purpurea Roth
분류	메꽃과
분포지역	울릉도, 독도
특징	열대아메리카 원산의 귀화식물로서 우리나라 중남부지방에 널리 분포한다. 독도에서는 2007년 이후 유입된 것으로 보이며, 동도의 정화조 주변에 다수의 개체가 자라고 있다.

　독도에 자생하는 둥근잎나팔꽃(Ipomoea purpurea)은 한해살이 덩굴성 식물로, 줄기 길이는 1~3m에 이르며 밑을 향하는 털이 있다. 어린 종자인 견우자는 한방에서 부종, 요통 치료와 배뇨, 배설 개선에 사용된다. 꽃 모양이 나팔과 비슷하고 잎이 둥글어 '둥근잎나팔꽃'이라 불린다. 학명 아이포미아(Ipomoea)는 그리스어로 '벌레'를 뜻하는 아이피(Ip)와 '비슷하다'는 호모이오스(homoios)의 합성어로, 식물이 애벌레처럼 기어가는 모습에서 유래했다. '퍼퓨레아(Purpurea)'는 '홍자색'을 의미한다.

　나팔꽃은 벌과 같은 곤충들의 활동에 맞춰 다른 꽃들보다 일찍 피는 부지런한 식물이다. 둥근잎나팔꽃은 잎겨드랑이에서 피며, 아시아 원산 귀화식물인 일반 나팔꽃과 달리 줄기와 꽃봉오리가

왼쪽으로 감긴다. 이 외에도 '애기나팔꽃', '미국나팔꽃' 등 여러 종류의 나팔꽃이 있다.

어린 시절 나팔꽃을 가지고 놀았던 추억도 있다. 꽃을 옷에 눌러 색을 입히거나, 입가에 대고 나팔처럼 불기도 했다.

독도의 둥근잎나팔꽃은 2010년 동도 경비대 막사 주변에 많았으나, 2014년에는 거의 사라졌다. 이 식물은 열대 아메리카 원산 귀화식물이다. 흔히 귀화식물을 자생식물의 위협으로 여겨 제거 대상으로 생각하지만, 둥근잎나팔꽃은 스스로 독도 환경에 적응하지 못해 사라지고 있다. 귀화식물을 무조건 제거할 것이 아니라, 생태계 영향을 모니터링하며 신중히 접근해야 한다. 모든 식물은 적합한 환경에서 살 권리가 있으며, 다양성이 생태계 건강에 기여한다. 자생식물과 귀화식물의 구분 기준에 대해서도 재고가 필요하다.

독도는 450만 년 전에 생성된 화산섬으로, 초기에는 식물이 없었다. 현재 서식 중인 모든 식물을 귀화식물로 볼 것인지, 인간에게 유용한 식물만 자생식물로 볼 것인지 고민이 필요하다. 식물을 바라볼 때 인간 중심이 아닌 생태계 중심의 시각이 중요하다. 우리 사회가 다민족화되듯, 식물도 다양성을 통해 건강한 생태계를 유지한다. 독도의 식물 종 수가 현재 57종에서 더욱 증가하여 단위면적당 종다양성이 높은 지역이 되기를 희망한다.

보리밥나무

36

학명	Elaeagnus macrophylla Thunb.
분류	보리수나무과
분포지역	울릉도, 독도
특징	황해도 이남의 서남 해안지대에 분포하는 상록 만경목으로 서도 어업 인숙소-정상코스의 길가와 사면에 식재한 것으로 보이는 2개체 정도가 생존해 있다.

독도의 보리밥나무(Elaeagnus mucrophylla Thunb.)는 보리수나무과의 상록성 관목덩굴성 작은키나무로, 겨울에도 꽃이 피어 있다. 밑동에서 여러 줄기가 올라와 덩굴처럼 길고 굽은 가지를 2~3m 정도로 뻗는다. 주로 바닷가 낮은 산비탈이나 언덕에 서식하며, 우리나라에서는 남부지역 섬 지방에서 볼 수 있다.

어릴 때는 잎 앞면에 은백색 비늘 모양 잔털이 있다가 사라지고, 뒷면은 이 잔털로 빽빽하다. 잎자루에도 은백색이나 갈색의 비늘 모양 잔털이 있다. '보리밥나무'라는 이름은 보리와 비슷한 열매가 맺힌다고 해서 붙여졌다.

독도에서는 서도 남사면에 한 그루, 동사면에 두 그루가 자라고 있는데, 특히 동사면의 개체들은 사람의 손길이 닿지 않는 곳에 있어 자생종일 가능성이 높다. 1970년대부터 1990년대 초반까지 독도를 푸르게 만들기 위해 약 1,200그루의 나무를 심었으나, 대부분이 적응하지 못하고 죽었다. 독도의 거친 자연환경 때문인데, 강한 바람과 염분, 많은 눈이 나무의 생존을 어렵게 한다. 그러나 왕호장근, 섬괴불나무, 사철나무 등이 잘 자라고 있어 나무가 전혀 살 수 없는 환경은 아닌 것으로 보인다.

2013년부터 다시 독도에 나무를 심는 '푸른 독도 가꾸기' 사업이 진행 중이다. 보리밥나무를 비롯해 사철나무, 섬괴불나무 등이 식재되었고, 아직 어리지만 잘 자라고 있다. 이 나무들이 잘 견뎌 든든한 독도 지킴이가 되기를 바란다. 보리밥나무는 덩굴 같

으면서도 나무 같은 모습을 하고 있다. 바닷가에서 자라며 바람을 막아주는 역할을 한다. 잎은 매끄럽고 큐틴질과 왁스층이 발달해 바닷가 환경에 잘 적응한다.

유사한 종으로 보리장나무가 있는데, 이는 잎이 긴 타원형이며 잎 뒷면과 어린 가지에 붉은 갈색 털이 나는 등의 차이가 있다. 서도에는 식재된 것으로 추정되는 한 그루와 자생하는 두 그루의 보리밥나무가 있다. 이 외에도 왕호장근과 2014년에 발견된 참빗살나무 한 그루가 있어 조심스럽게 관찰 중이다.

왕김의털

학명	Festuca rubra L.
분류	벼과
분포지역	울릉도, 독도
특징	중부 이북과 울릉도에 자생하는 다년초로서, 독도 전역의 암석지를 대표하는 식물이다.

왕김의털(Festuca rubra L.)은 우리나라 울릉도와 북부지방, 일본, 중국, 유럽, 북아메리카에 분포하는 여러해살이풀로, 주로 높은 산지의 풀밭에서 자란다. 학명인 페스튜카(Festuca)는 '풀짚'이라는 의미의 라틴어이고, 루브라(rubra)는 '붉은색'을 뜻한다. 우리나라에는 '김의털'이란 이름을 가진 식물이 다양하게 존재하는데, 예를 들어 까락이 더 큰 '왕김의털', 관모에서 자라며 작은 이삭이 5~10개인 '두메김의털', 서울과 거문도에서 자라는 '서울김의털', 꽃줄기 윗부분에 털이 있는 '참김의털', 그리고 잎에 홈이 있는 '지리산김의털' 등이 있다.

'김의털'이란 이름의 어원은 '보드라운 잎이 임의 은밀한 곳에 난 털' 같다는 데서 유래했다고 한다. 이러한 다양한 '김의털' 종류는 우리나라의 지역적 특성을 잘 반영하고 있다. 특히 지리산김의털은 지리산의 험준한 지형과 기후에 적응하여 잎에 특유의 홈이 생겼다고 하며, 한 연구자는 지리산 정상 근처에서 이 식물을 발견했을 때 그 강인함에 감탄했다고 전한다.

왕김의털은 벼과 식물로 자가수정을 한다. 자가수정 식물들은 대개 꽃이 화려하지 않은데, 이는 곤충을 유인할 필요가 없기 때문이다. 꽃은 암술 주변에 여러 개의 수술이 있는 다부일처제 형태를 띠며, 수정은 바람에 의해 이루어진다. 따라서 꽃가루는 바람에 잘 날아갈 수 있는 구조로 되어 있으며 무늬도 거의 없다. 이러한 특성은 벼과식물의 자연 적응력을 잘 보여준다.

한 농부의 경험에 따르면, 강풍으로 인해 벼의 수정이 잘 이루어지지 않을까 우려했으나, 예상과 달리 그해 수확량은 평년과 비슷했다고 한다. 이는 벼과식물의 꽃가루가 바람에 최적화되어 있어, 오히려 강한 바람이 수정을 도왔기 때문이다. 꽃가루는 화분(花粉, pollen)이라고도 불리며, 고대 그리스의 히포크라테스도 의학적 치료에 사용했다는 기록이 있다.

화분은 유럽과 미국에서는 40~50년 전부터, 일본에서는 약 30년 전부터 건강식품으로 주목받기 시작했다. 꿀벌의 먹이로서 영양가가 높은 화분은 유럽에서 완전식품으로 불릴 정도로 생명유지와 성장에 필요한 다양한 영양소를 함유하고 있다. 주요 성분으로는 탄수화물, 단백질, 아미노산, 비타민류, 그리고 다양한 무기질이 포함되어 있어 종합비타민이라 해도 과언이 아니다. 그러나 화분은 소화가 어려운 물질로 구성되어 있어, 그대로 섭취하면 소화되지 않고 배설된다. 또한 일부 사람들에게는 알레르기 반응을 일으킬 수 있어 주의가 필요하다.

  화분의 영양가치를 보여주는 흥미로운 실험도 있었다. 한 영양학자가 일주일 동안 오직 화분과 물만으로 생활해 보았는데, 놀랍게도 특별한 영양 결핍 증상 없이 건강을 유지할 수 있었다고 한다. 물론 이는 극단적인 사례이지만, 화분의 영양학적 가치를 잘 보여주는 일화이다. 마지막으로, 일부 국가에서만 자라는 분포역이 좁은 '왕김의털'이 독도에서 잡초처럼 잘 자라고 있으며, 지피식물로서의 역할을 훌륭히 수행하고 있다는 점은 주목할 만하다. 이는 이 식물의 적응력과 생태학적 중요성을 보여주는 좋은 예시이다.

흰명아주

학명	Chenopodium album L.
분류	명아주과
분포지역	울릉도, 독도
특징	전국 각지에 분포하는 1년생 초본으로 동도의 경찰숙소 주위와 구선 착장에 이르는 경로, 그리고 서도의 정상부에 소수 개체가 서식하고 있다.

독도에 서식하는 명아주과 식물 중 명아주가 들어가는 종으로는 '흰명아주(Chenopodium album L.)'와 '가는명아주'가 있다. 명아주과에서 가장 잘 알려진 식물인 명아주는 최근 연구를 통해 분류체계가 조정되었다.

특수 현미경으로 종자와 과실의 형태를 자세히 관찰한 결과, 기존 '명아주'로 불리던 종과 그 두 변종을 하나의 변종으로 통합하게 되었다. 이 과정에서 명명법상 우선권을 가진 '아주'를 정명으로 채택하였고, 결과적으로 '흰명아주'가 정명이 되었다.

흰명아주는 전 세계적으로 가장 넓은 분포를 보이는 속씨식물 중 하나로, 마디풀, 별꽃, 냉이, 새포아풀과 함께 5대 광역분포 식물에 속한다. 학명 키노포디엄(Chenopodium)은 라틴어로 '거위

(chen)'와 '작은 발(podion)'을 의미하며, 이는 잎의 형태에서 유래한다. 흰명아주는 다양한 용도로 활용된다. 민간에서는 이 식물로 만든 지팡이가 중풍 예방에 효과가 있다고 전해진다.

1년생 식물이지만 성장이 빨라 1년 만에 2m까지 자란다. 지팡이 제작 시에는 뿌리째 채집한 후 가는 줄기를 제거하고 건조시켜 인두로 색을 입히면 '청려장(장수지팡이)'이 완성된다. 청려장은 역사적으로 중요한 의미를 지닌다. 통일신라시대부터 조선 시대까지 70세 노인에게는 국가에서 '국장'을, 80세에는 왕이 '조장'을 하사했다. 현대에도 100세 노인에게 청려장을 선물하는 전통이 이어졌으며, 퇴계 이황 선생의 지팡이로도 유명하다.

가볍고 단단한 특성 때문에 노인들이 사용하기에 적합하며, 건축 재료로도 활용된다. 흰명아주는 식용과 약용으로도 쓰인다. 어린잎은 나물로, 열매는 가루로 만들어 먹거나 사료로 이용한다. 다만 사포닌 함량이 높아 다량 섭취 시 주의가 필요하다. 우리나라에서 흔히 볼 수 있는 이 식물은 고혈압, 대장염, 설사 치료에 효과적이며, 뱀 물림에도 탁월한 효능을 보인다.

가는갯는쟁이

39

학명	Atriplex gmelinii C.A.Mey.
분류	명아주과
분포지역	울릉도, 독도
특징	우리나라 중부 이남의 해변에 분포하는 1년초로서 독도에서는 동도 중턱의 비교적 토양이 비옥한 완경사지에 자란다.

독도에서 서식하는 가는갯는쟁이(Atriplex gmelinii C. A. Mey)는 명아주과에 속하는 염생식물로, 우리나라를 비롯해 일본, 러시아 등지의 바닷가에서 주로 서식한다. 염생식물은 소금기가 있는 연안 갯벌이나 강 하구 습지, 염전, 간척지 등에서 주로 자라며, 바닷물이 드나드는 환경에서 생장하기 때문에 천연 미네랄이 풍부하다. 전 세계적으로 약 1,500종의 염생식물이 분포하며, 우리나라에서는 갯벌이 발달한 서남해안에 수십 종이 서식한다.

그중 가장 잘 알려진 '함초'는 가을이 되면 붉은색으로 물들어 갯벌을 아름답게 장식한다. 함초는 '바다의 아스파라거스'로 불리며, 샐러드나 음식의 고명, 피클 등으로 이용된다. 칼슘 함량이 고등어의 30배, 우유의 8배에 달하며, 숙변 제거에 효과가 있어 진액, 분말, 환, 치약, 비누 등 다양한 상품으로 개발되고 있다.

가는갯는쟁이는 잎이 가늘어서 이런 이름이 붙었다. 7~8월에 꽃이 피며, 수꽃과 암꽃이 각각 따로 핀다. 꽃의 구조가 다르기 때문에 자가수정이 불가능하여 타가수정을 한다.

가는갯는쟁이는 수꽃과 암꽃을 따로 만들어 자가수정을 원천적으로 막는 방법을 사용한다. 그러나 타가수정을 위해서는 곤충의 도움이 필요하다. 이를 위해 식물은 곤충을 유인할 꿀이나 향기를 만들어야 하며, 이 과정에서 많은 에너지가 소모된다. 타가수정을 하는 식물은 곤충을 끌어들이기 위해 아름다운 꽃을 피워야 한다는 점은 자명하다.

특히 초봄에 꽃을 피우는 식물들은 곤충의 활동이 적은 시기이므로, 부족한 곤충을 유인하기 위해 여름이나 가을에 피는 꽃보다 더욱 화려하고 강한 향기를 내야 한다. 이는 고산지역에서 자생하는 식물들도 마찬가지이다. 곤충이 별로 없는 고산지역이나 사막 등에서는 식물체보다 더 크고 아름다우며 향기로운 꽃을 만들어야만 수정에 성공할 수 있다. 따라서 이러한 환경에서 자라는 식물들은 매력적인 꽃과 향기를 만들기 위해 여러 가지 전략을 구사하고 많은 노력을 기울인다.

해양생물

강치

1

학명	*Zalophus japonicus*
종명	독도 바다사자
크기	수컷 성체는 2.3~2.5m, 암컷은 1.6m 정도, 수컷 무게는 450~560kg
분포지역	북태평양 연안(한국, 러시아 사할린, 일본 연안)
특징	몸의 피부색은 변이가 심하며, 어린 개체는 암컷의 경우 회갈색으로 등 중앙이 암회색이며, 수컷은 노란색을 띤 갈색임.

강치는 괭이갈매기와 더불어 독도를 상징하는 대표적 동물이다. 강치는 '가지', '가제'와 같이 독도에서 서식하던 바다사자의 다른 이름을 말한다. 강치의 학명은 잘로푸스 자포니쿠스(Zalophus japonicus)이고 영어로는 재패니즈 씨 라이언(Japanese sea lion), 동해 연안에 서식하던 바다사자속의 해양 포유류이다.

1900년대 초 일본의 남획으로 1940년대에 이미 매우 심각한 멸종위기종에 처해졌다. 1970년 이후 더 이상 발견되지 않는 상태이다. 일제의 만행과 그 이후의 보존 실패로 인해 결국 해방 이후에 남아 있는 강치들은 사라져갔다. 강치 멸종의 자세한 경위는 바다사자 문서에 정리되어 있다. 현재에도 가끔 독도에 강치가 출현했다는 목격담이 있으나, 대부분 비슷하게 생긴 물개를 착각한 것이다. 러시아 캄차카반도와 사할린섬에 아주 조금 남아 있다는 주장도 있지만 가능성은 현격히 적다.

과거 한반도 동해안 및 일본 열도 해안가에서 주로 서식하던 강치는 해마다 5~6월이면 인적이 드물고 천적이 없는 독도에

일본에 의해 1903년부터 1941년까지 독도에서 남획되었으며, 1904년의 경우, 한 해 동안 약 3,200마리가 일본에 의해 남획됨.

1976년까지도 독도에서 발견되었다고 보고되었으나, 이후에는 서식이 확인되지 않고 있음.

국제자연보존연맹에서는 1996년부터 절멸종으로 분류.

새끼를 낳고 기르기 위해 찾아들었으며, 그곳은 강치의 낙원이었다. 그러나 1900년대 초 일본의 나카이 요자부로라는 자의 상업적 포획으로 인해 개체수가 급감하였다. 한국에서는 1951년 독도에서 50~60마리가 확인되었다는 보고가 마지막이며, 1972년에 홋카이도 인근 레분 섬에서 확인된 개체를 마지막으로 완전히 모습을 감추어, 1994년 국제자연보전연맹(IUCN)이 독도강치의 동해절멸을 선언했다.

현재 독도강치와 가장 흡사한 아종으로 캘리포니아 바다사자가 있다. 2003년 이전까지는 캘리포니아바다사자의 아종으로 생각되어 학명을 잘로푸스 칼리포르니아누스 자포니쿠스(Zalophus californianus japonicus)라 하였다. 그러나 현재는 별개의 종으로 분류되어 잘로푸스 자포니쿠스(Zalophus japonicus)라 한다. 하지만 여전히 일부 동물분류학자들은 여전히 바다사자를 캘리포니아바다사자의 아종으로 생각하고 있다. 바다사자, 캘리포니아바다사자, 갈라파고스바다사자는 그 서식지가 너무 멀리 떨어져 있고 행동양태의 차이점이 뚜렷하여 별개의 종으로 재분류되었다.

강치의 서식지는 동해 바다, 특히 일본 열도와 한반도의 해안선 일대였다. 탁 트인 모래밭에서 주로 번식했으나, 때로 암석 지대에서 번식할 때도 있었다. 현재 일본 각지에 박제된 표본들이 있으며, 네덜란드 라이덴 자연사박물관에도 필리프 프란츠 폰 지볼트(Philipp Franz von Siebold)가 잡아간 박제가 한 점 있다고 한다.

대영박물관에서도 모피 한 점과 두개골 네 점을 소유하고 있다. 일본 어부들의 무분별한 남획으로 멸종되었다.

강치의 특징을 보면, 일본 오사카 텐노지 동물원의 박제 등을 통해 그 크기를 추정하고 있다. 수컷 강치는 털가죽 색깔은 어두운 회색에 체중은 450~560kg, 신장은 2.3~2.5m로 캘리포니아 바다사자 수컷보다 크다. 암컷은 신장 1.64m로 훨씬 작고 털가죽은 수컷보다 밝은 색깔이다. 과거 독도의 80여 개의 바위섬과 울릉도 동쪽 해안에 새끼를 낳고 기르기 위해 강치가 수십만 마리나 군집했었다. 주요 먹이는 오징어, 명태, 정어리, 연어 등이다. 천적은 상어와 범고래가 알려져 있다. 그리고 과거에는 한반도의 동해안, 일본 본토(혼슈)의 해안선(동해안과 태평양안 모두), 쿠릴 열도, 캄차카반도 남쪽 끝에서 주로 발견되었다. 옛 우리나라 기록에 따르면 바다사자와 점박이물범이 동해뿐 아니라 발해, 황해에도 살았다고 한다. 바다사자는 과거 독도에서 많이 번식했으나, 일본 제국의 다케시마어렵회사가 가죽을 얻기 위해 남획하면서 개체 수가 급격히 감소했다. 이후 지속된 포획으로 개체 수는 더욱 줄었고, 1945년 8월 15일 해방 이후에도 남아 있던 강치를 보호하려는 노력은 끝내 실패로 돌아갔다.

독도에는 큰가제바위, 작은가제바위 등 주변에 강치가 쉬기에 좋은 바위가 많고 난류와 한류가 뒤섞여 먹이가 풍부했다. 강치들에게 독도는 주요 번식지이자 서식지로서 '강치의 천국'이

었다고 전해진다. 그러나 19세기 들어 일본 어부들이 한 해에 많게는 3,000~3,200마리를 잡았으며, 이후 포획량이 줄어 연간 1,000~2,000마리 정도 남획하다가 결국 멸종됐다고 한다. 조선시대에는 이 강치를 '가제' 또는 '가지'로 불렀으며, 독도를 중심으로 동해에 수만 마리가 서식했다고 한다. 독도에는 이들이 머물렀다는 가제바위가 남아 있다. 러일 전쟁 전후로 가죽을 얻기 위해 시작된 일본인들의 무분별한 남획으로 바다사자는 서서히 그 모습을 감췄으며, 1974년 홋카이도에서 새끼 바다사자가 확인된 이후로 목격되지 않는다. 1905년 일본 시마네현이 독도를 무단으로 편입한 후 일본인들의 포획이 시작되었지만, 그 이전인 1904년과 1905년에 울릉도에 살던 한국인들은 독도에서 바다사자를 잡아 매년 가죽 800관(600엔)씩 일본에 수출한 기록이 있다. 이 기록은 1907년 시마네현 다케시마 조사단의 오쿠하라 헤키운(奧原碧雲)이 쓴 책 『죽도 및 울릉도』에 등장한다. 바다사자와 물범은 일본 해안선 각지에 이시카이와(アシカ岩→바다사자바위), 이누보사키(犬吠崎→개 짖는 곳) 등의 관련 지명을 남기고 있다. 후자는 바다사자와 물범의 울음소리가 개 짖는 소리와 비슷해서 붙은 것이다. 우리말 '물개'의 어원도 이와 비슷하다.

　과거 사람들이 강치를 어떻게 이용해 왔는지는 1712년 일본의 동물백과사전 『화한삼재도회(和漢三才圖會)』에 기록되어 있다. 이에 따르면 바다사자 고기는 맛이 없어서 식용으로 적합하지 않

았으며, 호롱불을 밝히기 위한 기름을 짜는 용도로 사용되었다고 한다. 피부와 내부 장기에서 뽑아낸 기름은 한약재로 사용되었고, 눈썹과 가죽은 각기 담뱃대 소제기와 피혁 제품을 만드는 데 쓰였다. 20세기 들어서는 서커스에서 부려먹기 위해 생포해서 잡아가기도 했다. 일본 조몬 시대의 패총들에서 많은 바다사자 뼈다귀가 발견된 바 있다.

1905년 독도의 「영토 편입 및 대하원」을 일본 정부에 제출하고 독도에서의 독점적 어업권을 획득한 나카이 요자부로의 기록에 따르면, 독도에서 강치 개체수가 감소하고 있음을 확인할 수 있다. 1900년대 초 일본제국의 상업적 어획 기록을 살펴보면 그 세기 전환기에 3,200마리 정도의 강치가 포획되었으나, 남획으로 인해 1915년에는 불과 300마리만 잡힐 정도로 포획량이 급감했고, 1930년대에는 수십 마리 정도로 떨어졌다. 일본제국의 상업적 강치 사냥은 1940년대에 거의 종료되었으나 이때 강치는 이미 사실상 멸종했다. 일본의 저인망 어선들은 16,500마리 이상의 강치를 포획하여 그 멸종에 심대하게 기여하였고, 제2차 세계대전 때의 잠수함 작전 역시 강치의 서식지 파괴에 영향을 미친 것으로 생각된다.

바다사자의 가장 최근 목격담은 1970년대에 있었으며, 러시아에 극히 조금 남아 있다는 주장도 있지만 가능성은 낮다. 2019년 2월에 독도 강치의 뼈에서 처음으로 유전자 정보를 확인하는 데 성공하였다.

독도의 상징인 독도 강치를 복원하고자 하는 움직임이 일부에서 있다. 2007년, 대한민국 환경부는 남북한과 러시아, 중국이 협조하여 독도 강치를 동해에 복원할 것이라고 발표했다. 이 프로젝트의 실행가능성 조사연구가 국립환경과학원에 일임되었다. 만약 강치의 살아있는 개체가 발견되지 못한다면 대한민국 정부는 미국에서 캘리포니아바다사자를 들여와서 도입시킬 예정이라고 한다. 대한민국의 강치의 복원 시도는 동해와 독도를 둘러싼 국가적, 민족적 상징성에 더하여 생태관광 가능성에 투자하는 것으로 생각된다.

강치가 문학작품 속에서 등장하는 것은 무라카미 하루키의 단편소설 『강치(あしか)』에서 볼 수 있다. 무라카미 하루키가 1981년 10월에 발표한 단편소설로, 강치 본편은 정말 짧은 분량인 몇 페이지밖에 되지 않는다. 왜인지는 모르나 하루키는 강치에 꽂혀서 여러 편 강치에 대한 단편을 발표했다. '강치축제', '월간 강치 문예' 등이 있다.

자신이 강치인 것에 대해 삶의 허무감을 느끼고 있는 강치가 주변으로부터 걱정을 사서 결국에는 강치축제가 열린다는 이상한 단편이다. 여기서 나오는 강치들은 마치 인간 같아서 마작도 하고 도시를 돌아다니기도 한다. 그런데도 강치로서의 특성은 또한 그대로 가지고 있어서, 짝짓기는 동물 강치처럼 두 시간에 다섯 번이나 할 수 있었고 전갱이도 한도 끝도 없이 먹는다. 그런데 술도 마신다. 아마도 현대에는 소외된 자연과 동물을 조명함으로써 과거 일본의 태평양해안과 동해안에 뛰놀던 강치의 회귀 혹은 그날로의 복원을 꿈꿨을지도 모른다.

괭이갈매기

2

학명	Larus crassirostris Vieillot, 1818
분류	갈매기과
분포지역	울릉도, 독도
특징	충남 태안군의 난도, 경남 홍도, 경기도 신도, 전남 칠산도 등의 집단 번식지는 천연기념물로 지정하여 보호하고 있다.

독도를 방문하면 언제나 동도와 서도의 해상을 무리 지어 비행하는 괭이갈매기(Larus crassirostris)를 볼 수 있다. 이 새의 이름은 고양이 울음소리와 비슷한 울음소리에서 유래했으며, 오랜 세월 동안 독도의 터줏대감으로 자리 잡은 대표적인 생물이다. 봄철 독도의 절벽에서는 짝짓기하는 괭이갈매기의 요란한 울음소리가 들리고, 6~7월경에는 새로 부화한 새끼들의 비행연습을 볼 수 있다. 이 시기에 독도를 방문할 때는 괭이갈매기들의 분뇨를 피하기 위해 우산을 준비하는 것이 좋다.

괭이갈매기는 도요목 갈매기과에 속하는 중형 갈매기로, 몸길이 약 46cm, 날개길이는 34~39cm이다. 흰색의 머리와 가슴·배, 잿빛의 날개와 등을 가졌으며, 꽁지깃 끝의 검은 띠가 특징이다. 또한 다른 종에 비해 길고 끝 부분에 빨간색, 검은색 띠가 있는 부리를 가지고 있다. 이 새의 서식지는 한국 해안가를 비롯해 러시아 동부 해안, 베트남, 중국, 대만, 일본, 홍콩의 해안 지역에 걸쳐 있다.

번식기는 5~8월이지만, 독도에는 이른 봄에 도착한다. 무인도의 풀밭을 선호하며, 큰 집단을 이루어 마른 풀로 둥지를 만들고 한 배에 4~5개의 알을 낳는다. 8월 말경에는 어린 새끼와 함께 번식지를 떠나 바다 생활을 시작한다. 주로 물고기, 곤충이나 물풀을 먹으며, 새끼에게는 반쯤 소화시킨 먹이를 토해 먹인다.

한국에서는 서해안 태안의 난도, 신안의 홍도, 그리고 독도가

주요 번식지로, 모두 보호구역으로 지정되어 있다. 괭이갈매기는 '해묘(海猫)'라고도 불리며, 일본에서도 같은 의미의 '바다고양이(海猫)'라고 한다. 영어권에서는 '검은꼬리갈매기(Black-tailed gull)'로 알려져 있다. 국내에서 가장 흔한 갈매기 종류로, 한국에서 '갈매기'라고 하면 주로 괭이갈매기를 지칭한다.

이 새는 주로 해안 연안부, 강 하구, 갯벌 등에 서식하며, 잡식성으로 어류, 양서류, 갑각류, 곤충, 동물의 시체 등을 먹는다. 때로는 다른 조류의 먹이를 빼앗기도 한다. 번식은 난생이며, 집단으로 이루어진다. 독도에서는 4~5월에 2~3개의 알을 낳으며, 관광객들에게 친숙한 모습을 보인다. 괭이갈매기는 다른 새의 알이나 새끼, 심지어 쥐도 잡아먹는 등 다양한 먹이를 섭취한다.

한 번 만난 짝과 평생을 함께하는 일부일처제 특성을 가지고 있으며, 새끼들은 배고플 때 어미의 붉은 부리 부분을 쪼는 습성이 있다. 역사적으로 괭이갈매기의 알은 울릉도 어민, 제주해녀, 독도의용수비대, 그리고 독도의 첫 주민인 최종덕 일가와 독도경비대에게 중요한 식량 자원이었다. 이처럼 괭이갈매기는 독도의 생태계와 역사에서 중요한 위치를 차지하고 있다.

슴새

학명	Calonectris leucomelas (Temminck, 1835)
분류	슴새과
분포지역	울릉도, 독도
특징	가벼운 몸체와 긴 날개 때문에 잠수에는 적합하지 않다. 날개가 길어서 직접 날아오르지 못하고 날개, 다리, 부리 등을 이용하여 나무나 벼랑 위로부터 뛰어내리거나 넓은 땅 위에서 달리다가 날아오른다.

봄이 오면 '슴새(Calonectris leucomelas)'라는 바닷새가 어김없이 독도를 찾아온다. 바다의 봄이 육지보다 늦게 찾아오지만, 슴새는 정확한 시기에 도착한다. 독도는 철새들의 중요한 중간 기착지로, 귀중한 생태 환경을 제공한다. 여름철새인 슴새는 주로 인간의 손길이 닿지 않는 먼 바다의 섬에서 집단으로 번식한다.

'섬새'에서 유래한 '슴새'라는 이름은 그들의 서식지를 잘 나타내며, 우리 일상에서 만나기는 쉽지 않다. 슴새의 외모는 특징적이다. 흰색 바탕에 검은 줄무늬가 있는 머리, 흑갈색의 이마와 머리 꼭대기, 연한 색의 깃털 가장자리를 가지고 있다. 부리는 옅은 회색으로 길고 뾰족하며 갈고리 모양이고, 특히 긴 원통 모양의 코가 두드러진다.

번식기 외에는 주로 먼 바다에서 생활하며, 우아한 비행을 보여주다가 갑자기 하강하여 땅에서는 어색하게 걷는다. 육지에 오는 이유는 오직 새끼를 부화하기 위해서이다. 슴새는 해안가, 풀이 무성한 바위틈, 또는 땅속에 터널 모양의 둥지를 만들어 집단으로 번식한다. 2~3월에 우리나라에 도착해 짝짓기를 하고, 6~7월에 한 개의 흰 알을 낳는다. 연간 단 한 번, 한 마리의 새끼만을 키우기 때문에 번식을 실패할 경우 개체 수에 큰 영향을 미치게 된다.

긴 포란 기간(약 50일)과 육추 기간(70~90일)을 거친 후 새끼는 둥지를 떠난다. 부화 직후 새끼는 잿빛 솜털로 덮여 있으며, 여름부터 가을까지 어미가 가져다주는 먹이로 자라 월동을 준비한다. 슴새는 새벽에 먹이활동을 하고, 해질 무렵 둥지로 돌아와 새끼에게 먹이를 준다. 주로 멸치 등 작은 물고기와 연체동물, 해조류를 먹는다.

슴새는 동아시아 지역을 자유롭게 오가는 여름철새로, 일본 홋카이도 북쪽에서 호주까지 광범위하게 분포한다. 태평양 북서부의 무인도에서 여름을 보내고 번식하며, 가을 이후에는 필리핀 이남으로 이동해 겨울을 난다. 우리나라에서는 약 15개 도서 지역에서 번식하며, 제주 사수도가 최대 집단 번식지로 알려져 있다.

슴새의 이동 경로 파악을 위해 국내외에서 다양한 연구가 진행 중이다. 우리나라에서 번식한 슴새들이 약 22일 동안 3,600km를 이동해 동남아시아에서 겨울을 보내는 것으로 확인되었고, 러시아에서 번식한 슴새들도 한국과 중국 남부까지 이동하는 것이 관찰되었다. 이러한 장거리 이동 특성 때문에 슴새 연구와 보호를 위해서는 국제적 협력이 필수적이라 할 수 있다.

먼 옛날 울릉도 개척민들의 애환을 오롯이 품고 있는 것이 슴새이다. 울릉도 개척민들은 이 새를 깍새(슴새)라고 불렀다. 깍새는 낮에는 바다에서 물질을 해서 먹이활동을 하고, 밤에는 토굴의 둥지로 돌아와 잠을 잔다. 울릉도 개척 초기 빈궁했던 시기 개척민들은 춘궁기, 흉년 등으로 식량이 부족할 때 명이나물과 깍

새 고기로 명을 이었다고 한다. 이 깍새의 토굴에 불을 지피면 연기를 피해 나오는 깍새를 잡아서 식용으로 했다. 특히 슴새가 많이 서식했던 섬이 관음도인데 지금도 울릉도 사람들은 관음도를 '깍새섬', '깍개섬'이라 부른다.

일반적으로 슴새는 생활 특성상 벼랑에 둥지를 만들고 둥지로 돌아오기 때문에 일반인들에게 쉽게 노출되지 않았다. 그러나 옛 주민의 이야기를 들어보면 매우 흔한 철새였다고 할 정도로 많은 개체수의 깍새가 살았다고 한다. 현재 울릉도 전역과 독도의 위험한 벼랑에는 대부분 슴새굴이 분포하고 있으며 대략 1,000여

마리 정도의 슴새가 울릉도·독도에 서식하는 것으로 추정하고 있다.

우리나라는 동아시아대양주 지역 철새의 80% 이상이 거쳐 가는 중요한 중간 기착지로, 철새 보호에 있어 중요한 위치에 있다고 한다. 슴새는 현재 멸종위기종은 아니지만, 세계자연보전연맹(IUCN)에서 '관심대상'으로 분류되어 지속적인 모니터링이 이루어지고 있다. 우리나라에서는 슴새를 2016년부터 해양보호생물로 지정하여 관리하고 있으며, 상업적 포획이나 유통을 엄격히 금지하고 있다. 슴새의 보호와 연구를 위해서는 국제적인 협력과 지속적인 관심이 필요하다. 우리 모두가 이러한 노력에 동참하여 슴새를 비롯한 철새들을 잘 지켜내기 위해서는 독도의 자연생태 보전에 관심을 모아야 한다.

바다제비

학명	Oceanodroma monorhis (Swinhoe, 1867)
분류	동물계(Animalia) / 조강
분포지역	울릉도, 독도
특징	국지적으로 흔한 여름새이다. 바다제비의 최대 번식지인 칠발도는 천연기념물 제332호(1982년 11월 4일 지정)이고, 구굴도는 제341호 (1984년 8월 10일 지정)이다.

　철새는 어느 계절을 지내다가 번식을 하고 다시 다른 곳으로 이동한다. 철새는 겨울철새와 봄여름 철새가 있다. 대개 겨울철새는 시베리아나 북극해 등 추운 지역에서 늦은 가을이나 겨울에 날아와 겨울을 난 다음 북쪽나라 자기 고향으로 돌아간다. 그러나 여름철새는 봄이나 여름에 남쪽나라에서 날아와서 알을 낳고 새끼를 기르는 번식활동을 한 다음 가을이 되면 다시 원래의 서식지로 돌아간다. 동해바다 한가운데에 있는 고립무원의 섬 독도는 겨울철새들과 여름철새들이 계절적으로 서식하기에 적합한 환경이다. 그렇기 때문에 많은 철새들이 중간기착지로 삼아 번식을 하는 '새들의 낙원'과도 같은 곳이다. 바다제비는 독도에서 여름철새의 대표적 조류로 육지에서는 잘 볼 수 없는 새이지만 독도와 같이 멀리 떨어진 낙도에서는 많은 개체가 집단적으로 서식한다.

바다제비는 한국, 중국, 일본, 러시아 북부에서 동남부까지 번식하고, 인도양 북부에서 월동한다. 싱가포르, 수마트라, 자바에서 인도양까지 남하한다. 생육환경을 보면, 섬의 식물 뿌리 밑, 바위 틈새를 이용하거나 슴새의 낡은 땅굴을 이용하여 둥지를 마련한다.

독도새우

5-1) 도화새우

학명	Pandalus hypsinotus Brandt
분류	도화새우과
분포지역	울릉도, 독도
특징	철모새우, 울릉도에서는 참새우라고도 한다. 한류성 새우로서 도화새우속(Pandalus) 중 가장 대형종이다.

독도새우

5-2) 물렁가시붉은새우

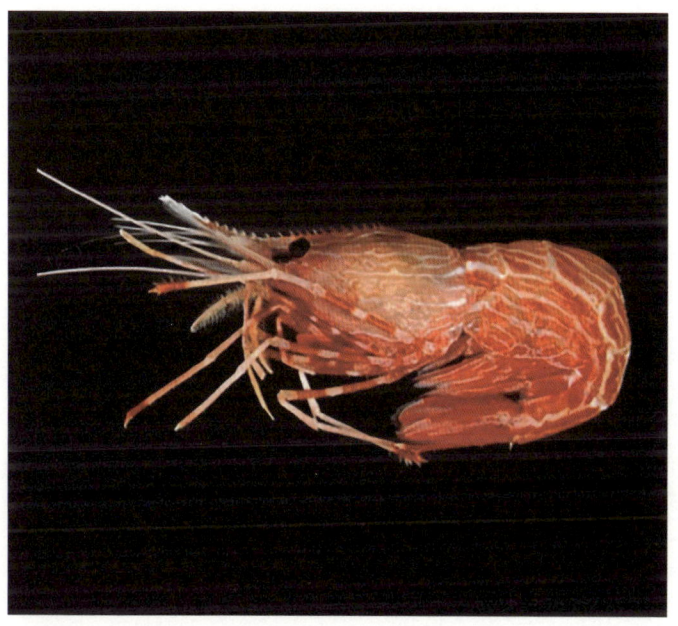

학명	Pandalopsis japonica Blass
분류	도화새우과
분포지역	울릉도, 독도
특징	울릉도에서는 꽃새우라고도 한다. 몸의 색깔은 붉은색이고 몸 표면에 옆으로 달리는 몇 줄의 불규칙한 흰무늬가 있다. 몸의 표면은 매끈하고 털이 없다. 이마뿔의 윗부분은 19~21개의 이가 있는데 이 중 앞 끝 2개를 제외하고는 모두 움직일 수 있다.

독도새우

5-3) 가시배새우

학명	Lebbeus groenlandicus
분류	꼬마새우과
분포지역	울릉도, 독도
특징	울릉도에서는 닭새우라고도 한다. 신체 구조상 가시배새우는 토르꼬마새우처럼 고개와 꼬리를 높이 든다.

요즘 울릉도를 가면 아주 비싸면서도 맛있는 독도새우가 화제다. 독도새우란 독도 주변연안의 심해에서 서식하고 있는 도화새우, 물렁가시붉은새우(꽃새우), 가시배새우(닭새우)를 통틀어 부르는 명칭이다. 이들 3종은 반드시 독도에만 서식하는 것이 아니라 다른 나라나 지역에서도 잡히며, 우리나라에서는 동해를 포함한 넓은 범위의 심해에 서식한다. 아주 깊은 바다에서 서식하기 때문에 껍질이 아주 단단하고 붉은색의 예쁜 미모를 자랑한다.

도화새우는 북태평양 베링해에서 미국 캘리포니아 연안, 쿠릴열도, 알래스카, 일본(북해도 등) 등지에 분포한다. 우리나라에서는 속초, 주문진, 울릉도에서 출현하며 울릉도 해역에서는 대개 대형의 개체가 서식하며, 속초, 주문진 부근의 해역에서는 소형의 기체가 많이 나타난다.

꽃새우(물렁가시붉은새우)는 독도를 비롯한 한국의 동해안, 오호츠크해, 시베리아와 일본 홋카이도 등지에 분포한다. 그리고 닭새우(가시배새우)는 한국 동해안(포항 이북의 동해), 일본 홋카이도, 오호츠크해, 베링해를 포함한 북태평양의 연안에서 북극해까지 넓게 분포한다. 갑각은 흰색 혹은 녹갈색의 바탕색에 갈색 혹은 붉은색의 가로무늬가 있다. 두흉갑은 둥글고 통통하며 가시가 크고 뾰족하게 발달해 있다. 이마뿔은 가늘고 대체로 평행하며, 위아래로 가시가 여럿 있고 끝자락에 있는 가시는 특히 크다. 이마뿔 뒤로 두흉갑에 큰 가시가 4개 있다. 더듬이와 걷는 다리에는 띠

무늬를 가진다. 복부는 가운데가 솟아 있다. 배마디마다 옆판에 2~4개의 잘 발달한 가시가 있다.

전복

6

학명	Haliotis
분류	전복과
분포지역	울릉도, 독도
특징	껍데기 길이 최대 10㎝까지 자란다. 껍데기에는 약한 방사륵[부채살마루]과 물결무늬가 있다. 안쪽은 녹색의 강한 진주광택이 난다.

　전복은 독도의 해양생물이자 수산물이다. 조선시대 해금정책으로 울릉도 도항이 금지되던 시기에도 동해 연안민들과 멀리 남도의 거문도 등지의 사람들이 울릉도, 독도로 건너갔다. 당시 건너간 연안민들에게 미역과 더불어 중요한 어렵의 대상 중의 하나가 이 전복이었다. 당시의 기록에 의하면, 주변의 바다가 깊은 이유에서일까 울릉도 전복은 다른 지역의 전복에 비해 크기가 월등히 커서 손바닥보다 큰 것이 난다고 기록하고 있다.

　17세기에는 울릉도에 불법으로 잠입하여 어로활동을 하였던 일본인들이 있었다. 일본 돗토리번의 오야 가문과 무라카미 가문의 사람들이다. 그들의 울릉도 도항의 목적은 벌목과 전복 채취였다. 그로 인하여 1693년 안용복 납치사건이 발생하여 조일 양국 간에 울릉도를 둘러싼 영유권 문제(=울릉도쟁계)가 제기되었다. 결국 일본 측이 울릉도와 독도에 대한 '죽도도해금지령(1696)'을 내리면서 일본인의 불법 도해가 일단은 근절되었다.

그들이 남긴 기록에도 울릉도산 전복은 크기가 크고 맛이 좋아 일본에서 인기가 좋았으며, 이를 '다케시마 전복'이라 하여 에도 막부 장군에게 진상품으로 바치는 중요한 물품이었다. 그런 의미에서 울릉도·독도의 전복은 근세시기 일본인의 울릉도·독도 침탈의 상징과도 같은 수산자원이다.

근현대에 들어와서는 제주해녀들이 울릉도와 독도로 많이 건너왔고, 그들은 물질을 하면서 미역을 채취하고 전복을 잡았다. 특히 해방 후 독도의용수비대가 독도를 지키기 위해 주둔하면서 많은 제주해녀들이 독도로 출어하여 미역을 채취하였다. 당시 미역의 시장가치가 높았기 때문에 미역 채취가 주된 목적이었지만 부수적으로 전복도 많이 잡았다고 한다.

전복의 각구는 넓다. 내순에서 외순으로 이어지는 곳은 좁고 뚜껑이 없다. 각구에는 4~5개의 구멍이 있고 원추형으로 융기되는데, 이는 성장하면서 새로 생겨났다가 오래된 것은 없어진다. 발은 크고 넓으며 머리에는 1쌍의 더듬이[촉각]와 눈이 있다. 아가미는 1쌍, 심장의 심이(心耳, 좌우 심방의 일부를 이루는 귓바퀴 모양의 돌출부)도 1쌍이며 좌우대칭을 이룬다. 암수 한몸이다. 생식선(生殖腺)이 황백색인 종류는 수컷이고 녹색인 종류는 암컷이다.

대황

학명	Eisenia bicyclis (Kjellman) Setchell
분류	갈색 해조류
분포지역	울릉도, 독도
특징	항암식품으로 알려진 독도의 대표적 갈조류다. 주로 조간대 하부에 서식하며 다시마 대용으로 식용하는 해조류이다. 해안지역의 생태계에서 중요한 존재이며, 다양한 동물의 먹이가 되고, 또한 동물의 생육 환경을 제공한다.

독도를 가면 늘 우뚝 솟은 동도와 서도의 하늘에서 괭이갈매기가 반겨준다. 두 섬은 150m 정도의 수로를 사이에 두고 있는데, 맑고 투명한 바닷속을 들여다보면 해조류들이 많이 관찰된다. 미역, 다시마, 감태 등이 바다 속의 숲처럼 파도에 넘실거리며 돋아 나 있는데, 다시마도 아닌 것이 미역도 아닌 것이 다시마보다 잎이 좁은 갈색 해조류가 많이 눈에 띈다. 이것이 독도의 대황이다.

학명은 아이제니아 바이시클리스 (켈만) 세첼[Eisenia bicyclis (Kjellman) Setchell]인데, 전 세계에서 울릉도와 독도, 일본의 오키섬 등지에 서식하는 해조류로 다시마목 감태과 대황속에 속하는 대형 갈조류의 하나이다. 이처럼 동해와 같이 분지처럼 격리된 바다에서 서식하는 것은 이들 3섬이 모두 화산섬이라는 공통점을 갖고 있으므로 그러한 환경적 요소가 작용하고 있는 것 같다. 대황은 영어로 '바다참나무'라는 뜻의 '씨오크(Sea oak)'라고 불린다. 한자로 '대황(大荒)'은 '크고 거칠다'는 의미로, 바닷속에서 나무처럼 우뚝 솟아난 모습과 점액질이 많은 미역이나 다시마에 비해 거친 외형 때문에 이런 이름이 붙여진 것으로 보인다.

대황은 주로 조간대 하부에 서식하며 다시마 대용으로 식용하는 해조류이다. 높이는 서식처의 수심에 따라 차이가 있으나 큰 것은 1.5m 이상 자라며 지름은 2~3cm정도이다. 가지가 나서 복잡하게 얽힌 뿌리와 1개의 긴 원기둥 모양의 줄기가 있으며 그 끝에 잎이 나 있다. 줄기는 1년생의 어린 식물에서는 가지가 갈라지지 않고 1개의 줄기만을 가지고 있다. 이 줄기의 끝이 납작해지며 깃털모양으로 갈라지는 잎이 붙고, 나중에는 잎의 기부에 있는 생장대(生長帶)까지 썩어서 떨어져 나간다. 대황은 2년째가 되면 줄기 끝이 두 가닥으로 나뉘고 각각 여러 갈래로 갈라진 잎이 형성된다. 잎은 모두 댓잎처럼 길쭉하게 자라는데 가장자리에 톱니 모양 또는 끝이 뭉뚝한 돌기를 여러 개 가지고 있다. 잎면[葉面]에는 굴곡이 있는 용무늬가 있다.

 대황은 여러해살이 해조류로 2년째의 가을(10~11월)에서 겨울에 걸쳐, 잎의 양면에 포자낭반(胞子囊 斑, sporangial sorus)을 형성하여 유주자(遊走子)를 내보내어 번식한다. 이후 유주자를 내보낸 잎은 녹아버리고 다시 새잎이 형성되며, 봄이 되면 어린 개체가 나타난다. 식용으로 이용할 수 있고 곰피 또는 감태 등과 함께 다시마 대용으로도 사용된다. 다시마나 미역에 비해 질감이 떨어져 거의 식용으로 활용되지 않았는데, 그 효능이 알려지면서 최근에는 울릉도의 식당 등에서 미역무침처럼 해서 반찬으로 나오는 경우가 간혹 있다. 일본의 해안가나 오키노시마에서는 밑반찬 혹은 술안주로 다시마처럼 조림이나 무침으로 일반적으로 식용한다. 또한 알긴산의 원료로도 이용되며 요오드, 칼륨 등의 무기질을 다량 함유하고 있다고 한다.

 대황의 영양성분을 보면 100g당 145kcal 정도의 열량을 가지고 있으며, 후코이단과 폴리페놀 같은 항암, 항산화 성분과 요오

드와 칼륨 등 다양한 무기질 성분 외에 플로로탄닌과 알긴산 등 다양한 성분을 함유한 우수한 건강식품의 소재이다. 다만, 다른 해조류와 비슷한 나트륨을 함유하고 있어 갑상선 환자들은 섭취에 주의를 할 필요가 있다. 그 효능으로는 변비예방, 관절건강, 심신안정, 성인병 예방에 뛰어난 것으로 알려져 있다. 우선 대황은 식이섬유가 풍부하며, 아주 오래전부터 사하작용이 빨리 일어나서 변비 치료제로 이용해 왔다. 위장을 깨끗하게 하고 대사를 촉진시키기 때문에 수분이 없어서 변이 딱딱해지는 열성변비와 속이 더부룩한 복부팽만에도 효과적이며, 잔변감을 없애준다고 한다. 그리고 대황에는 튼튼한 뼈를 만드는 칼슘 성분이 풍부하게 함유되어 있다. 꾸준하게 대황을 섭취할 경우 골다공증 등의 관절질환을 예방하는 데 도움을 주며 튼튼한 관절을 유지하는 데 효과적이다. 체내 칼슘의 약 1%는 근육이나 혈액, 신경 등에 존재하고 있어 부족하면 초조함의 원인이 되는데, 대황을 먹음으로써 풍부한 칼슘을 섭취할 수 있으며 신경의 초조함을 억제하는 심신 안정의 효과도 볼 수 있다. 특히 대황에는 해조 폴리페놀의 일종인 플로로탄닌(phlorotannin)이 포함되어 있으며 강한 항산화 작용을 하기 때문에 활성 산소에 의한 세포의 손상을 막아 준다. 또한 항염증, 항비만 작용과 당뇨병을 예방하는 데 효과적인 식품으로 각종 성인병을 예방하는 데 좋은 식품이다.

독도 주변의 바위섬 아래 조간대에서 조하대에는 대규모 군락을 이루는데 이를 해중림(海中林)이라고 한다. 파도가 거친 곳에 많고 감태 속의 해조류와 같은 곳에서 자란다. 이렇듯 대황은 해안지역의 생태계에서 중요한 존재이며, 다양한 동물의 먹이가 되고, 또한 동물의 생육 환경을 제공한다.

감태

학명	Ecklonia cava
분류	감태과
분포지역	울릉도, 독도
특징	원기둥 모양의 줄기는 1~2m, 갈색이다. 줄기 끝에는 겹잎조각 모양의 납작한 가운뎃잎이 1개 달린다. 가운뎃잎은 길이 1m 정도, 양쪽에 깃꼴 모양의 작은 잎이 달린다. 갈색을 띠는데 말리면 검은빛을 띤다. 봄에 나타나는 어린 식물체는 줄기 길이 5~10㎝, 가운뎃잎 길이 20~30㎝ 정도이다.

 울릉도나 독도의 바다 속을 내려다보면 다시마인 듯 미역인 듯 바위에 붙어 자라는 갈조류가 있는데 이것이 감태(甘苔, Ecklonia cava)이다. 감태는 '단맛의 이끼'라는 의미로 붙여졌는데, 경상북도 울릉군 연안에 서식하고 있는 갈조식물로 다시마목 다시마과의 여러해살이 해조류이다. 얼핏 보면 대황과 비슷하여 구별하기란 쉽지 않다. 크기와 모양이 비슷하기 때문이다. 대황은 주로 수심이 깊은 곳에 자라지만 감태는 그리 깊지 않은 곳에서도 볼 수 있다. 또 대황은 줄기에서 두 줄기(Y자)로 갈라지면서 잎이 달리지만 감태는 줄기 끝에서 바로 잎이 하나씩 달리는 것이 다르다. 감태는 다시마처럼 전복과 소라 등의 먹이가 된다. 원래 우리나라에서는 주로 남해안 및 제주도 해안 일대에 분포하였으나 수온 상승으로 울릉군 해안에서도 서식하고 있다. 알긴산이나 요오드·칼륨을 만드는 주요 원료로 쓰이며 식용으로 이용되기도 한다.

줄기는 길이 1~2m이며 원기둥 모양이다. 몸 아래쪽은 둥근 기둥 모양이고 위로 갈수록 편평하며 넓어진다. 몸에서 양쪽으로 가지를 내며 밑동은 뿌리 모양이다. 가운데 부분은 굵고 어릴 때는 속이 차 있으나 다 자란 뒤에는 속이 비는 개체도 있다. 줄기 끝에는 겹잎조각 모양의 납작한 가운뎃잎이 1개 달린다. 가운뎃잎은 갈색을 띠는데, 길이 1m 정도이고 양쪽에 깃꼴 모양의 작은 잎이 달린다. 말리면 검은빛을 띤다. 봄에 나타나는 어린 식물체는 줄기 길이 5~10cm, 가운뎃잎 길이 20~30cm 정도이다.

감태는 조간대 하부나 그보다 깊은 바다의 암석에 붙어 자란다. 유성세대와 무성세대가 규칙적으로 교대하여 나타나는 세대교번을 반복한다. 포자체의 엽상부는 2년째 가을에 가운뎃잎에 만들어진 포자를 방출한 뒤 잎은 떨어져 나가고 줄기만 있다가 잎 자리에 새로운 가운뎃잎이 달려 3~4년간 자란다. 독도와 울릉도 해안에 많이 서식하고 있다.

미역

9

학명	Undaria pinnatifida
분류	나래미역과
분포지역	울릉도, 독도
특징	식물체는 난원형 또는 타원형이고 1~2 m 내로 자란다. 줄기의 양측에 미역귀 (포자엽)가 있으며, 부착기는 나무뿌리 형태이고, 줄기는 납작하며 엽상부의 상부에 중륵이 있고 양쪽으로 우상 열편을 가진다.

학명이 운다리아 피나티피다(Undaria pinnatifida)인 미역은 바다에 서식하는 미역과의 갈조류로, 식물과 유사하나 분류상 원생생물에 속한다. 무기질, 비타민, 섬유질, 점질성 다당류, 아이오딘이 풍부해 식용된다. 주로 동북아시아에서 오래전부터 이용되었으며, 한국에서는 12세기, 중국에서는 8세기 기록에 이미 등장한다. 한국의 산모에게 미역국을 먹이는 풍습이 있고, 한방에서는 해채, 감곽, 자채, 해대 등으로 불린다. 과거 온대성 연안지역에 주로 서식했으나, 최근 남태평양, 북대서양, 지중해, 오스트레일리아 남안으로 확산되고 있다.

미역은 한국 전 해안에 분포하지만 한류와 난류의 영향이 강한 곳에는 없으며, 겨울에서 봄 사이에 채취된 미역이 가장 맛있다. 전복 양식의 주요 먹이로도 쓰인다. 미역의 풍부한 영양소는 신진대사 촉진, 산후조리, 변비와 비만 예방, 철분과 칼슘 보충에 효과적이다.

당송 시대부터 식용 기록이 있으며, 조선의 실학자 이규경은

엽체의 외형이나 지리적 분포에 의해 2가지 형태로 구분되며, 남방형은 엽의 열각이 얕고 체장에 비하여 엽편 수가 많다. 북방형은 대형이며 줄기가 길고 엽의 길이가 깊고 열편 수가 체장에 비하여 적다.

산후 조리 효능을, 『동의보감』은 성질과 효능을 자세히 다루었다. 고려 시대에는 몽골로 수출되기도 했다. 민간에서는 미역을 '산후선약'으로 여겨 산모의 첫 음식으로 사용하며, '해산미역'을 특별히 취급한다. 20세기 이후 양식기술 발달로 다양한 가공품이 생산되고 수출되고 있으며, 국, 냉국, 무침, 볶음, 쌈 등으로 요리되고 다이어트 식품으로도 인기다.

독도의 미역은 깊은 수심의 암벽에서 채취돼 잎이 굵고 두꺼운데 품질이 좋아 '돌미역'이라 불린다. 독도를 지켜낸 중요한 요소 중 하나가 바로 이 미역이다. 독도의용수비대와 제주해녀들의 활동, 독도 최초주민 최종덕 씨의 독도 정착에도 미역의 존재가 큰 영향을 미쳤다. 제주해녀들은 독도의 실효적 지배를 증명하는 산 증인이다.

그들의 독도 물질은 1940년대 후반부터 1970년대까지 이어졌으며, 점차 제주 전역의 해녀들이 참여했다. 1953년 독도의용수비대 결성 이전부터 독도에서 해산물과 미역을 채취했으며, 열악한 환경 속에서도 물골의 굴을 임시 거처로 삼아 가제바위 등을 미역건조대로 이용하며 생활했다. 결론적으로, 독도미역은 현대 독도의 어업과 주민 생활사를 형성한 가장 중요한 요소라고 할 수 있다.

우뭇가사리

10

학명	Gelidium amansii
분류	우뭇가사리과
분포 :	울릉도, 독도
특징	여러해살이 해조류로서 여름의 번식기가 지나면 본체의 상부는 녹아 없어지고 하부만 남아 있다가 다음 해 봄에 다시 새싹이 자라난다. 동해안·남해안과 황해의 바깥 도서에 분포하나 동해 남부 연안의 것이 품질도 좋고 가장 많이 생산된다.

우뭇가사리는 홍조류에 속하는 해조류로, 주로 한천의 원료로 사용되는 중요한 바닷이다. 독도 주변 바다는 북한 한류와 쓰시마 난류가 교차하는 해역으로, 다양한 해조류와 어족이 서식하고 있다. 미역, 다시마, 김, 우뭇가사리, 톳 등의 해조류가 바다숲을 이루어 서식하며 울릉도와 독도 어민들의 주요 수입원이 된다. 19세기 말 일본 후쿠오카현에서 잠수기 어업자들이 독도로 건너와 우뭇가사리 채취를 한 적이 있다. 미역, 감태, 대황 등 해조류가 많기에 독도 주변의 해저 암초에는 소라, 전복, 홍합 등의 패류도 풍부하다.

우뭇가사리는 여러해살이 해조류로, 여름 번식기 이후 상부는 녹아 없어지고 하부만 남아 다음 봄에 새싹이 자란다. 동해안, 남해안, 황해의 바깥 도서에 분포하며, 특히 동해 남부 연안의 것이 품질이 우수하고 생산량이 많다.

주로 바닷속 20~30m 깊이의 바위에 붙어 자라며, 바깥바다에 면하고 모래 바닥을 가진 해수 소통이 원활한 곳에서 서식한다. 현재 우뭇가사리의 양식법은 개발되지 않아 갯닦기로 잡초를 제거하거나 큰 바위의 투석, 암반 폭파 등의 방법으로 번식 면적을 확대하는 소극적인 방법을 사용한다. 과거에는 가을에 공동으로 갯닦기를 실시했으나, 최근에는 인력 부족으로 중단되었다. 우뭇가사리를 민물에 씻어 말린 후 고아서 걸러내면 우무가 되며, 이는 전통적으로 청량음료의 재료로 사용되어 왔다.

 우뭇가사리의 생활사는 복잡한데, 유성 세대인 수배우체와 암배우체, 그리고 무성 세대인 포자체로 구성된다. 이들은 외관상 매우 비슷하여 생식 기관이나 핵상 조사 없이는 구별이 어렵다. 수배우체는 표면 세포에서 정자를, 암배우체는 '조과기'라는 특수 세포열에서 난자를 생성한다. 수정 후, 조과기에서 연락사가 뻗어 나와 영양분을 공급받아 과포자를 만든다. 과포자체에서 방출된 과포자는 바위에 붙어 포자체로 발달하며, 포자체는 다시

사분 포자를 만들어 새로운 배우체를 형성한다. 이렇게 우뭇가사리의 생활사는 암수 배우체 세대, 과포자 세대, 사분 포자체 세대의 3세대가 순환하며 이루어진다.

에필로그

 꽃들이 가장 많이 피는 계절은 보통 5~9월이다. 야생화들은 보통 벌과 같은 곤충들을 매개로 하여 수정을 하고 열매를 맺는다. 즉 곤충이 중매자인 셈이다. 그렇지만 이른 봄에는 곤충이 별로 없기 때문에 수정하기가 여간 쉽지 않다. 그래서 그나마 활동하는 곤충들의 눈에 띄도록 하기 위해 봄꽃들은 먼저 가능한 한 화려하게 꽃을 피워 수정할 확률을 높인 다음 잎을 내어 에너지를 모은다. 독도의 식물들도 마찬가지이다. 초봄 무더기로 노란 꽃을 피워 올리는 갓, 햇살에 하얀 꽃봉오리를 내밀며 독도를 꿋꿋이 지키고 있는 섬장대, 독도의 사면에 누군가가 별을 뿌려 놓은 듯한 별꽃, 절벽난간 바위틈에서 앙증맞게 바닷바람을 견디는 땅채송화 등이 유구한 세월 동안 독도를 지켜온 식물들이다.

 따뜻한 여름의 해풍이 불어올 무렵이면 전 세계에서 울릉도와 독도에만 자라는 섬기린초와 섬초롱이 꽃을 피워 올린다. 우리나라 고유의 식물이자 울릉도·독도의 특산식물이다. 또 술패랭이, 갯까치수영, 독도의 유일한 기생식물인 초종용 등은 독도에 인적

없이 평화로운 시기에도 러일전쟁의 포화가 울려 퍼질 때에도 강치 포획의 총성이 독도를 쩌렁쩌렁 울릴 때도 우리 땅 독도를 지키고 있었다.

가을철 독도에 들어서면 괭이갈매기, 강치와 함께 독도의 상징인 해국이 동도의 절벽 사면에 활짝 피어 탐방객들을 반긴다. 1900년 10월 25일 고종 황제가 〈대한제국 칙령 제41호〉를 반포하여 독도를 울릉도의 관할구역으로 선포하였고, 10월은 이를 기념하여 경상북도의 조례로 정한 것이 '독도의 달'이다. 또한 2024년 5월 7일 울릉군의회가 조례로 10월 25일을 '독도의 날'로 제정·의결하였다. 이 시기에 맞추기라도 하듯이 해국이 활짝 만개한 모습을 보여 준다. 해국은 전 세계에서 우리나라 동해안, 남해안, 태안반도 이남의 서해안과 일본의 서북해안에만 서식하는 고유종이다. 해국의 유전자 분석을 통해 그 원산지가 울릉도·독도임을 영남대학교 독도연구소 박선주 교수 연구팀이 밝혀내어 "독도의 생물주권"을 제기한 바 있는 독도식물이다.

그리고 고개를 들면 수만 마리의 괭이갈매기가 아무런 인공의 방해도 받지 않고 유유히 살아가고 있다. 바다로 눈을 돌리면, 지금은 독도강치가 멸절이 되어 자취를 감추었지만, 푸른 바다 속에는 여전히 갖은 해조류와 어패류들이 평화롭게 독도의 바다를 활보하고 있다. 독도는 육지와 한 번도 연결된 적이 없는 대양섬이기에 생물학적으로 분화와 생물특성을 파악하는 데 있어서 아주 중요한 장소이다. 육상생물들은 현재까지 57종의 식물, 129종의 곤충, 100여 종의 조류가 살고 있고, 수많은 해양생물들이 2,000m나 되는 독도해산의 사면에서 서식하고 있다.

이러한 생물 다양성과 생물 특성을 나타내기에 혹자는 독도를 '동해의 갈라파고스'라 일컫기도 한다. 이러한 소중한 자연생태와 생물자원은 화폐로 환산할 수 없는 것이며, 우리는 이들을 잘 보존하여 우리의 미래 세대들에게 물려주어야 할 책무가 있는 것이다. 독도에 대한 관심과 사랑을 독도에 사는 우리 생물을 잘 보전하고 관리하는 데 기울여 주었으면 하는 마음 간절하다. 따라서 이 책 전체를 통해 영토주권의 관점보다는 생물주권(특정지역에서 자생하고 있는 생물을 이용할 수 있는 배타적 권리)의 관점을 견지하였다. 즉 있는 그대로 독도의 자연생태를 제대로 알고 보전해야 독도의 생물주권을 지킬 수 있다는 것이다.

참고문헌

박선주·정연옥, 2017, 『독도를 지키는 우리 야생화』, 깊은나무.
이영로, 2007, 『새로운 韓國植物圖鑑』, 교학사.
이유미, 2003, 『한국의 야생화』, 다른세상.
송기엽·이유미, 2011, 『내 마음의 야생화 여행』, 진선출판사.
플로렌스 헤들스톤 크레인 지음·최양식 옮김, 2008, 『푸른 눈의 여인이 그린 한국의 들꽃과 전설』, 선인.

경북대학교 울릉도·독도연구소, 「울릉도·독도 동식물」
  http://www.dokdoknu.com/
국립해양생물자원관, 「해양생물」
  https://www.mabik.re.kr/prog/archiveCate/4/media/sub01_02/list.do
국립생물자원관, 「한반도의 생물다양성」
  https://species.nibr.go.kr/index.do

〈사진〉
영남대학교 생명과학과 박선주 교수 연구실
경북대학교 울릉도·독도연구소 / 박영봉(안드레아) 신부
국립생물자원관 / 국립해양생물자원관

찾아보기

ㄱ

가는갯는쟁이 159, 160
가지 165, 168
갈라파고스 8, 36, 210
감태 193, 194, 196~199, 205
갓 52~55, 208
강치 6~8, 164~168, 170, 171, 209
개방화 122
개쑥갓 61~64
갯강아지풀 141~144
갯괴불주머니 57~60, 143
갯까치수영 107~109, 208
갯장대 44~47
갯제비쑥 115~117
거문도 7, 153, 190
고유종 19, 17, 24, 29, 92, 209
괭이갈매기 6, 18, 165, 172~175, 193, 209
귀화식물 8, 53~55, 61, 98, 99, 137, 138, 145~148

기생식물 48~50, 117, 208
까마중 111~114
깍새 178, 179

ㄴ

나카이 다케노신(T.Nakai 中井猛之進) 29

ㄷ

다케시마 전복 191
다케시마(竹島) 29, 35, 168
다케시마나(takesimana) 29, 30, 35
닭의장풀 118~120
대양섬 8, 210
대황 192~196, 198, 205
독도경비대 98, 103, 106, 175
독도새우 184~187
독도 생물주권 7, 17, 18
독도의 생물주권 18, 98, 142, 209, 210

독도의 식물상 132
녹도의용수비대 175, 191, 202, 203
돌미역 202
돌채송화 42, 43
동남해 연안민 7
동백 24~27
동백나무 23~27, 38, 47
동의보감 21, 90, 202
동조현상 43
동해의 갈라파고스 210
두해살이풀 45, 72, 75, 99, 108, 138
둥근잎나팔꽃 145~147
땅채송화 41~43, 109, 208

ㅁ

마디풀 65~70, 76, 96, 97, 130, 131, 157
멸종위기 2등급 식물 49
미역 190, 191, 193, 194, 198, 200~203, 205

ㅂ

바다제비 18, 181, 183
박주가리 121~123
방가지똥 71~73, 138~140
번행초 20~22
별꽃 74~76, 157, 208
보리밥나무 38, 88, 149~151
북한 한류 205
분자생물학 59
비짜루 77~79

ㅅ

사철나무 7, 37, 38, 10, 17, 88, 150
사철쑥 49, 50
산달래 81~84
생물다양성 210
생물주권 18, 32, 210
생존 전략 7, 25, 60, 106
선쟁이밥 124, 125
섬괴불나무 30, 35, 38, 85~88, 150
섬기린초 30, 33, 34, 208
섬장대 35, 45, 208
섬초롱꽃 28~30, 35
세계자연보전연맹(IUCN) 180
세대교번 199
속명 15, 24, 93, 126
술패랭이꽃 127~129
슴새 18, 176~180, 183

십자화과 44, 45, 52
쓰시마 난류 205

죽도도해금지령(1696) 191

ㅊ

ㅇ

애기동백(山茶花) 25
여러해살이풀 16, 21, 78, 83, 97, 100, 101, 104, 108, 122, 125, 134, 153
오키노시마 47, 194
왕김의털 152, 153, 155
왕호장근 28, 74, 130~132, 150, 151
외래식물 64, 72, 98, 100, 132
우뭇가사리 204~207
유전자 분석 7, 18, 50, 88, 209

참나리 133~136
참빗살나무 89~92, 151
참소리쟁이 96~98
참억새 103~106
초종용 48~51, 117, 208
최종덕 175, 203

ㅋ

카네이션 128, 129
큰두루미꽃 93~95
큰방가지똥 72, 137~140
큰이삭풀 99, 100, 102

ㅈ

ㅌ

자가수정 43, 67, 69, 76, 119, 120, 153, 160
자포니카(japonica) 31, 116
전복 189~191, 198, 201, 205
제주해녀 175, 191, 202, 203
조선삼림식물편 31
종소명 15, 29~31, 34, 35, 126
주민 생활사 203
주아 134, 136

타가수정 43, 67, 69, 76, 120, 160
특산식물 28, 30, 31, 33~35, 85, 93, 208

ㅍ

폐쇄화 100, 122
푸른독도가꾸기 85

ㅎ

한해살이풀 61, 108, 112, 119
해남성색 190
해중림(海中林) 196
화한삼재도회(和漢三才圖會) 168
흰명아주 156~158

동북아역사재단 교양총서 36

독도의 보물,
아름다운 꽃과 자연생태

제1판 1쇄 발행일 2024년 12월 26일

지은이 송휘영
발행인 박지향
발행처 동북아역사재단

출판등록 제312-2004-050호(2004년 10월 18일)
주소 서울시 서대문구 통일로 81 NH농협생명빌딩
전화 02-2012-6065
홈페이지 www.nahf.or.kr
제작·인쇄 청아출판사

ISBN 979-11-7161-159-1 04910
　　　978-89-6187-406-9 (세트)

* 이 책은 저작권법으로 보호를 받는 저작물이므로 어떤 형태나 어떤 방법으로도 무단전재와 무단복제를 금합니다.
* 책값은 뒤표지에 있습니다. 잘못된 책은 바꾸어 드립니다.